SSÉES.

École des Ponts et Chaussées. — Leçons et cours autographiés.

(Catalogue de M. Théodore Olivier. N. 532.)

V

Ecole des ponts & chaussées.

1836–1837

1°. — des Roues hydrauliques
2°. — des Machines à Vapeur

par Mr Coriolis Ing^r. en chef. membre de l'Institut.

Résumés des Leçons données à l'École des Ponts et Chaussées sur l'application de la Mécanique à l'établissement des Machines.

par Mr. Coriolis, Ingénieur en Chef, Professeur.

1836 — 1837.

Des Roues hydrauliques.

Les Roues hydrauliques sont des machines moteurs, destinées à recueillir et à transmettre le travail que peut fournir la chûte d'un cours d'eau. Leur fonction relativement à cette chûte est semblable à celle d'une machine à vapeur relativement à la vapeur; l'une et l'autre doivent ordinairement amener le travail moteur sur un arbre tournant d'où l'on puisse ensuite facilement l'appliquer à l'effet utile qu'on a en vue.

Les roues hydrauliques reçoivent l'action de l'eau par le moyen de vases ou de palettes dont elles sont garnies à leur circonférence. C'est dans ces vases ou sur ces palettes que le fluide agit, soit par son poids, soit en perdant une portion de la vitesse qu'il avait acquise au moment où il les atteint.

Dans ce qui suit, pour comprendre dans un terme les augets, aubes, palettes dont la roue peut être garnie et qui reçoivent l'action du fluide, nous les désignerons par la dénomination générique de vases, en nous réservant plus tard de distinguer les différentes espèces de vases qui pourront se réduire à de simples plans opposés à la veine fluide qui vient les rencontrer.

Tandis qu'un poids p de liquide franchit la chûte d'eau dont la hauteur est h, la gravité a développé sur ce poids p un travail moteur égal à ph; et si aucune résistance ou aucun frottement sensible ne sont exercés sur le fluide, et qu'il descende ou tombe librement, l'effet de ce travail moteur aura été seulement de lui donner une force vive égale à ce travail ph.

Mais si les vases de la roue en recevant une certaine action du fluide, lui ont opposé une certaine résistance, le travail moteur ph aura été employé, partie à produire un certain travail sur ces vases, partie à vaincre différents frottements et résistances étrangères, et partie enfin à donner encore une certaine quantité de force vive au fluide.

Pour rendre le plus grand possible le travail qui est transmis aux vases, et par suite à la roue; il est clair qu'il suffit de rendre la plus petite possible, la somme des deux parties perdues du travail; lors de la chûte; savoir, la force vive de l'eau à la sortie des vases de la roue, et le travail consommé en frottement ou choc du fluide, soit sur lui-même, soit avec les vases où il entre, ou qu'il ne fait quelques fois que toucher.

L'objet de notre étude sur les roues hydrauliques doit donc être de chercher à rendre un minimum l'ensemble de ces deux pertes. Elles ont toujours quelques relations entre elles suivant la disposition des roues : leur dépendance est plus ou moins complète de sorte qu'on ne doit jamais songer, non seulement à les rendre nulle chacune, mais même à les amener séparément à leur minimum : il faut les examiner ensemble et avoir égard à leur dépendance. Si les vases sont ouverts et laissent échapper le fluide qu'ils ont reçu avec une vitesse qui puisse être à peu près indépendante de celle du vase et de la roue, la question comme on le sent, est toute différente de celle qui se présente si les vases ne donnent pas d'issue au fluide qu'ils ont reçu, et que celui-ci ne puisse les quitter qu'après avoir pris leur propre vitesse.

Cette dernière remarque porte naturellement à diviser les roues en deux genres répondant à ces deux circonstances principales que présente la construction des vases. Nous considérerons donc

1° les roues à vases fermés ;

2° les roues à vases ouverts.

Chacun de ces genres de roues, admet des sous-divisions d'après le mode d'action de la gravité de la vitesse acquise par l'eau et de la force centrifuge due à la rotation de la roue.

Dans les roues à vases fermés, la gravité peut agir sur l'eau avant qu'elle entre dans le vase et pendant qu'elle y est contenue : ce partage du travail total de la gravité en deux parties forme un classement, suivant que l'une ou l'autre de ces parties est prépondérante. Enfin la circonstance que la vitesse de la roue peut donner lieu à une force centrifuge sensible introduit encore une sous-division.

Dans les roues à vases ouverts, on trouve la même division par l'action de la gravité et par l'action de la force centrifuge due à la rotation de la roue.

Il est bon de faire observer que le classement qu'on a fait souvent des roues suivant que leur axe de rotation est horisontal ou vertical n'est point un classement fondé sur les considérations théoriques qui doivent présider à leur étude, et n'a, pour ainsi dire, rien de commun avec celui que nous indiquons ici. Seulement on peut remarquer que dans les roues à axe vertical dont les vases sont fermés, l'action de la gravité ne produit point de travail sensible pendant que le fluide est dans le vase, puisque celui-ci se meut toujours horisontalement, ensorte que cette condition que l'axe soit vertical quand la roue est à vases fermés revient à celle de la non action de la gravité pendant que le fluide est dans le vase. Mais à part ce cas particulier, la position de l'axe ne préjuge rien sur le mode d'action de l'eau et ne doit pas être pris en considération dans un classement sous le rapport de la théorie dynamique.

On verra dans le Tableau suivant les diverses roues hydrauliques classées sous le rapport de leur théorie ainsi que nous venons de l'indiquer.

Tableau des différents systèmes de Roues hydrauliques classées d'après le mode d'action de l'eau sur la roue.

Roues à vases fermés		Travail de la gravité peu sensible avant que le fluide soit reçu dans le vase, et très considérable pendant que le fluide entre dans le vase et que celui-ci descend.	Sans action sensible de la force centrifuge.	Roues à godets ou à aubes dites de côté ou en dessus à axe horisontal ou incliné.
			avec action sensible de la force centrifuge.	Roues à godets dites en dessus à axe horisontal ou incliné, leur vitesse étant un peu grande.
		Travail de la gravité peu sensible pendant que le fluide est dans le vase, et très considérable pendant la descente du fluide avant qu'il arrive dans le vase	Sans influence sensible de la force centrifuge.	Roues à palettes ou à aubes emboîtées dans un coursier, l'axe étant horisontal, ou vertical ou incliné.
Roues à vases ouverts.	Les filets fluides sortant par une autre issue que celle par laquelle ils sont entrés, mais avec des vitesses dont les directions pour tous les filets font le même angle avec la vitesse du vase.	Travail de la gravité peu sensible pendant que le fluide est dans le vase, et très considérable avant qu'il y soit reçu.	Sans influence sensible de la force centrifuge.	Roues à axe horisontal ou vertical garnies de palettes planes d'équerre sur la veine fluide, le coursier ne les emboîtant pas sur les côtés : les palettes ou les aubes étant plus larges que la veine fluide.
		Travail de la gravité partagé à volonté entre les deux durées, l'une avant l'introduction de l'eau dans le vase et l'autre pendant qu'elle est dans le vase.	action de la force centrifuge.	Turbine de Burdin à axe vertical
			action de la force centrifuge.	Turbine de Fourneyron à axe vertical.
		Travail de la gravité peu sensible avant que le fluide entre dans le vase et très sensible pendant que le fluide est dans le vase : avec choc ou sans choc à l'entrée, ce qui le fait participer dans ce dernier cas aux roues à vases fermés.	action de la force centrifuge.	Roues à réaction à axe vertical.
	L'eau sortant par l'issue par laquelle elle est entrée, son mouvement ayant été peu gêné dans le vase.	L'influence de la gravité pendant que le fluide est dans le vase se bornant à changer le sens de la vitesse et à faire sortir l'eau du vase.	L'influence de la force centrifuge se bornant comme la gravité à faire sortir l'eau du vase.	Roues de Poncelet à axe vertical.
	Les vitesses de sortie des filets fluides ne faisant pas pour tous le même angle avec la direction de la vitesse du vase.	Sans influence de la gravité.	Sans action de la force centrifuge.	Roues à palettes inclinées sur la veine fluide et plus larges que cette veine. Roues dans un cours d'eau plus large que les palettes, celles-ci étant d'équerre ou inclinées au courant.

Roues à godets ou à aubes dites Roues de côté.

Dans ces roues, l'eau vient d'un canal supérieur d'où elle sort par un orifice sous une très faible charge, ou plus ordinairement par une espèce de déversoir en passant au dessus d'une vanne inférieure. La lame d'eau tombe par l'effet de la vitesse horisontale et de l'action de la gravité. Chaque molécule décrit à peu près une parabole jusqu'au point où elle vient choquer le vase ou le fluide qu'il contient.

Le point de la roue où le vase ou auget reçoit la lame d'eau est situé dans ces roues un peu au dessous du centre. Cette position est donnée par la condition, dont nous allons parler plus bas, que la direction des vitesses de l'auget et de la lame d'eau au point où elle vient y produire un choc se rapprochent le plus possible.

Nous commencerons par simplifier un peu les éléments de la question; nous supposerons d'abord qu'on puisse regarder le mouvement du vase comme rectiligne et uniforme pendant le temps qu'il reçoit la lame d'eau.

Nous désignerons par

- p le poids de fluide qui est reçu par la roue pendant une seconde;
- H la hauteur de la chûte totale;
- u la vitesse du vase;
- v la vitesse des molécules fluides à l'instant où elles atteignent le vase ou le fluide qu'il contient déjà;
- h la hauteur qui engendre cette vitesse v.

Comme toutes les molécules de la lame fluide arrivent dans le vase à peu près au même niveau et que c'est de la hauteur de ce niveau en dessous de la surface supérieure du canal d'amont que dépend la vitesse de la molécule à l'instant où le choc a lieu, nous pourrons regarder la vitesse v comme la même à tous les instants et pour toutes les molécules. Nous indiquerons par $\widehat{uv}$ l'angle aigu ou obtus que font les directions des vitesses u et v. Nous désignerons par T le travail produit sur la roue par le poids p de fluide qu'elle reçoit pendant une seconde, et par T_f la perte de travail qui est due pendant une seconde au choc de la lame à son entrée dans le vase, et aux frottements et bouillonnements qui ont lieu après dans le vase.

Nous représenterons par $\Sigma \frac{dp v_2^2}{2g}$ la somme des forces vives que possède le poids p de fluide à la sortie du vase au bas de la chûte. En appliquant le principe de la transmission de travail à la série des molécules fluides qui ont passé sur la vanne pendant une seconde, on aura

$$\Sigma \frac{dp v_2^2}{2g} = pH - T_f - T \, .$$

Si v_2' désigne les vitesses des molécules fluides rapportées au vase. Comme à l'instant où le fluide enfermé dans chaque vase commence à sortir, son centre de gravité a la vitesse u du vase, on aura, en vertu de la proposition de l'Article (53) du calcul de l'effet des machines

$$\Sigma \frac{dp v_2^2}{2g} = \frac{pu^2}{2g} + \Sigma \frac{dp v_2'^2}{2g} \, .$$

Ainsi on a

$$(A) \quad \ldots\ldots\ldots \quad \frac{pu^2}{2g} + \Sigma \frac{dp v_2'^2}{2g} = pH - T_f - T \quad .$$

Cherchons maintenant à évaluer les pertes T_f.

Pour cela remarquons d'abord que ces pertes ne dépendant que des chocs et des frottements, ne changeraient pas si l'on communiquait à l'ensemble du vase et de la veine une vitesse u rectiligne et uniforme égale et opposée à la vitesse u du vase; alors celui-ci deviendrait immobile et la veine fluide aurait pour nouvelle vitesse la résultante de la vitesse v et de cette vitesse opposée à u, c'est-à-dire, qu'elle aurait en choquant le fluide du vase une force vive

$$\frac{p}{2g}\left(u^2+v^2-2uv\cos(\widehat{uv})\right) \quad .$$

Or si une veine fluide qui fournit un poids p par seconde est lancée dans un vase immobile qu'elle atteint avec une vitesse w et qu'elle y tourbillonne ensuite avec des vitesses relatives v_2', elle aura perdu par l'effet du choc et du frottement un travail égal à

$$\frac{pw^2}{2g} - \Sigma \frac{dp v_2'^2}{2g} \quad .$$

Ainsi dans la circonstance où nous sommes pour le choc dans le vase que porte la roue on évaluera la perte en ramenant le vase à l'immobilité, et prenant alors la diminution de force vive comme ci-dessus, c'est-à-dire, la différence entre la force vive due à la vitesse relative au vase et la force vive que possède encore le fluide à l'instant où il en sort, force vive que nous avons représentée par $\Sigma \frac{dp v_2'^2}{2g}$; ainsi cette perte est donc exprimée par

$$T_f = p\left(u^2+v^2-2uv\cos(\widehat{uv})\right) - \Sigma \frac{dp v_2'^2}{2g}$$

Substituant dans l'équation (A) ci-dessus; nous aurons

$$\frac{pu^2}{2g} + \Sigma \frac{dp v_2'^2}{2g} = pH - \frac{p}{2g}\left(u^2+v^2-2uv\cos(\widehat{uv})\right) + \Sigma \frac{dp v_2'^2}{2g} - T$$

la force vive relative $\Sigma \frac{dp v_2'^2}{2g}$ que possède encore le fluide par son mouvement dans le vase au moment où il en sort se détruit dans cette équation: en la résolvant par rapport à T qui est le travail résultant que le vase a produit sur le fluide ou le travail moteur que celui-ci a reçu pendant la descente du fluide du haut en bas de la chute; on aura

$$T = pH - \frac{p}{2g}\left(u^2+v^2-2uv\cos\widehat{uv}\right) - \frac{pu^2}{2g}$$

ou bien

$$(B) \quad \ldots\ldots\ldots\ldots \quad T = pH - \frac{pv^2}{2g} + \frac{p}{g}\, u\left(v\cos(\widehat{uv}) - u\right)$$

Cette formule montre que dans ces roues le travail qui leur est transmis est égal au travail pH dû à la chute de l'eau, diminué de la force vive que possède le fluide en entrant dans le vase et augmenté d'une quantité $\frac{p}{g}u(v\cos\widehat{uv}-u)$ qui provient de l'effet qu'a pour mouvoir la roue le choc du fluide dans le vase. Ainsi on ne perd pas toute la force vive $\frac{pv^2}{2g}$; une portion se trouve utilisée par ce choc, pourvu néanmoins que le terme $\frac{pu}{g}(v\cos uv-u)$ soit positif ; car si l'on avait $v\cos uv<u$, c'est-à-dire, si ce terme devenait négatif ; alors non seulement on perdrait toute la force vive $\frac{pv^2}{2g}$ mais encore en sus celle qui est exprimée par $\frac{pu}{g}(u-v\cos\widehat{uv})$.

Ce dernier cas ne se présente pas ordinairement parce que la vitesse u des vases de la roue est toujours assez faible devant la vitesse v due à la chute de la lame pour atteindre le vase. Certaines roues comme celles qui font mouvoir des martinets de forges devant par instant tourner beaucoup plus vite que dans l'état habituel de leur mouvement, on se trouve alors dans ce cas exceptionnel où le terme $\frac{pu}{g}(v\cos\widehat{uv}-u)$ devient négatif.

Le terme $\frac{p}{g}u(v\cos uv-u)$ est d'autant plus grand, u et v restant les mêmes, que $\cos(\widehat{uv})$ est plus grand ; conséquemment que les vitesses u et v font un angle moins sensible entre elles. C'est pour remplir cette condition que l'on fait arriver la lame d'eau dans l'auget en un point situé un peu en dessous du centre de la roue. Une fois que l'angle $\widehat{uv}$ est fixé par cette situation, l'expression de T devient un maximum pour $v=0$ et $u=0$. Mais ce résultat théorique ne peut se réaliser. Aucune de ces deux vitesses ne peut être nulle ; puisqu'il faut d'abord que le poids p de fluide que fournit le courant soit débité tant à son passage sur la vanne qu'à sa sortie de la roue. Ainsi a désignant la section des augets perpendiculairement à la vitesse u, et ω la section de la veine perpendiculairement à la vitesse v au point où cette vitesse est estimée, on aura

$$\omega v=p \quad \text{et} \quad au>p .$$

La vitesse v a toujours une valeur assez sensible par l'effet de la petite chûte qui s'établit depuis le niveau supérieur du fluide en amont de la vanne et le niveau où le choc a lieu dans l'auget ; ainsi le maximum de T une fois que v est rendu le plus petit possible ne doit être considéré que relativement aux changements de u. Ainsi une fois que la roue est établie et que la distance entre la vanne et le vase ou auget de la roue est déterminé ; la vitesse v se trouve à très peu près fixée. Le terme dépendant de u dans l'expression de T, et par conséquent ce travail T transmis à la roue pendant une seconde devient un maximum par rapport à la variation de ω quand on a

$$u=\frac{v\cos\widehat{uv}}{2} .$$

Si donc il est possible de donner aux vases cette vitesse u, on utilisera la plus grande portion possible de la force vive $\frac{pv^2}{2g}$ que possède l'eau en arrivant dans l'auget et la roue recevra le plus de travail possible. Pour que cette conclusion subsiste il faut que le poids p d'eau qui arrive sur la roue et la vitesse v ne dépendent pas de la vitesse u des vases ; et pour cela il est nécessaire que lorsqu'on abaissera cette vitesse u à la valeur $\frac{v\cos\widehat{uv}}{2}$, elle n'influe ni sur le débit d'eau qui se fait par dessus la vanne, ni sur la vitesse v qu'a la lame d'eau à l'instant où le choc s'opère dans l'auget. Si le ralentissement de la roue pouvait faire gonfler la veine fluide et avoir de l'influence tant sur la vitesse v que sur la dépense, il faudrait connaître la loi de cette influence et différentier l'expression précédente par rapport à u en considérant p et v comme dépendant de cette variable. Nous ne traiterons pas ici cette difficulté. Pour le moment nous nous bornerons à dire que l'expérience a appris que tant que la vitesse u est assez grande, et tant que les augets sont d'une capacité suffisante pour que la lame d'eau ne les remplisse qu'à moitié environ, alors cette vitesse u n'ayant pas en effet d'influence ni sur p ni sur v, on peut appliquer la théorie précédente. C'est dans cette hypothèse que nous nous placerons d'abord.

Soient l la largeur des augets, b leur hauteur inclinée perpendiculairement à leur vitesse u, il faudra qu'on ait en prenant pour unité de poids celui du mètre cube d'eau

$$p = ou < \frac{bl}{2}\,\frac{v\cos\widehat{uv}}{2} .$$

Cette inégalité ayant lieu, la dépense p ne sera pas influencée par la présence des augets. Si l'on appelle h' la différence de niveau entre la surface de l'eau en amont de la vanne, là, où l'inflexion due à la chûte ne s'étend pas et le niveau du seuil de cette vanne ; on aura en vertu des expériences les plus exactes

$$p = 0,62\,\frac{2}{3}\,lh'\sqrt{2gh'}$$

et si l'on désigne par η la petite hauteur supplémentaire dont l'eau tombe encore en dessous du seuil de la vanne pour acquérir la vitesse v on aura

$$v = \sqrt{2g(h'+\eta)}$$

et par suite la condition ci dessus devient

$$b > \frac{1,65h'}{\cos\widehat{uv}\sqrt{1+\frac{\eta}{h'}}} .$$

dès qu'elle a lieu on peut admettre qu'il suffira de faire marcher la roue de manière que les augets prennent une vitesse $u = \frac{v\cos\widehat{uv}}{2}$. Dans ce cas la valeur du travail T transmis à la roue devient

$$T = ph' - \frac{pv^2}{2g} + \frac{p}{2g}\,\frac{v^2\cos^2\widehat{uv}}{2} .$$

La formule (B) subsiste à fortiori si la vitesse u est plus grande que celle qui répond au maximum, et par conséquent plus grande, dans l'hypothèse précédente, que ce qu'il faut pour que les augets ne soient pas à moitié pleins, alors on a toujours

$$T = pH - \frac{pv^2}{2g} + \frac{p}{g}\,u(v\cos\widehat{uv} - u) .$$

Si par exemple comme cela arrive dans les marteaux de forge la vitesse u devient triple de celle qui répondait à la marche ordinaire de la roue qui doit être reglée d'après la condition de rendre T un maximum, c'est-à-dire, qui doit être $u = \frac{v\cos\widehat{uv}}{2}$ alors on aurait

$$u = \frac{3}{2}\, v\cos uv$$

et par suite

$$T = pH - \frac{pv^2}{2g} - \frac{3}{2} \cdot \frac{pv^2\cos^2 uv}{2g}.$$

Ainsi la différence entre le travail reçu par la roue dans ce cas et celui qu'elle recevait dans le cas où T était un maximum est

$$2 \cdot \frac{pv^2\cos^2 uv}{2g}$$

lors donc que v n'est engendré que par une très petite hauteur $h'+\eta$ la différence qui est

$$2(h'+\eta)\, p\cos^2 uv$$

reste toujours assez petite devant le travail total T transmis à la roue.

On voit que l'on peut rendre la vitesse des roues à augets triple de ce qu'elle est habituellement dans les conditions de maximum pour l'effet à produire sans perdre une partie du travail total de la chûte qui atteigne le double de celui qui est dû à la chûte depuis le niveau supérieur du fluide dans le courant d'amont jusqu'au point où se fait le choc de la lame dans l'auget.

Si l'on rallentissait la roue en abaissant la vitesse u au dessous de celle qui répond au maximum de T et qui est $u = \frac{v\cos uv}{2}$, et en même temps comme cela arrive ordinairement, au dessous de celle qui permet aux augets de n'être qu'à moitié remplis par la lame d'eau ; alors la perte ne devrait plus se calculer seulement par le changement de valeur du terme

$$p\frac{u}{g}\left(v\cos\widehat{uv} - u\right)$$

mais aussi par la diminution de p et le changement de v qui peuvent en résulter. Il n'y a plus alors de règle pour ce calcul. La perte sera peu sensible s'il n'y a pas de déversoir en amont de la vanne, s'il y en a un, elle le deviendra beaucoup par l'effet du gonflement qui se produira en amont et qui forcera une lame plus épaisse à passer sur le déversoir ; ce qui sera autant d'eau de moins qui passera sur la vanne de la roue. Pour ne pas tomber dans cette cause de perte de travail qui pourrait avoir une trop grande influence, on est dans l'usage de ne jamais laisser abaisser la vitesse u au dessous de celle qui répond au cas où les augets sont à moitié pleins ; et quand on a besoin de la faire varier, c'est toujours au dessus de ce minimum, en la poussant jusqu'à devenir double ou triple si cela est nécessaire.

Dans la recherche des conditions du maximum de travail T que la roue doit recueillir, nous avons supposé v et cos uv des constantes, mais on peut les faire varier en supposant qu'on veuille déterminer à quel point il faut que le choc de la veine fluide ait lieu dans le vase si toutes fois on admet que ce point est unique et ne varie pas d'un instant à un autre hypothèse qui n'est encore qu'une approximation. Désignons par x et y les coordonnées du point où le choc se fait en les rapportant au point où la veine passe sur le seuil du déversoir; par $v_0 \cos\alpha_0$, $v_0 \sin\alpha_0$ les composantes de la vitesse de la lame à l'instant où elle passe sur le seuil, et où ses coordonnées sont $x=0$, $y=0$: la veine arrivée au point qui a pour coordonnées x et y aura pour vitesse

$$v_0 \cos\alpha_0 \;, \qquad v_0 \sin\alpha_0 + g\,\frac{x}{v_0 \cos\alpha_0}$$

le vase ayant pour vitesse

$$u \cos b \qquad \text{et} \qquad u \sin b$$

la perte de travail par le choc sera

$$\frac{P}{2g}\left\{\left(v_0 \cos\alpha_0 - u\cos b\right)^2 + \left(v_0 \sin\alpha_0 + \frac{gx}{v_0\cos\alpha_0} - u\sin b\right)^2\right\}$$

et le travail perdu en outre de ce choc et de la force vive que conserve l'eau en sortant de l'auget sera

$$\frac{P}{2g}\left\{\left(v_0 \cos\alpha_0 - u\cos b\right)^2 + \left(v_0 \sin\alpha_0 + \frac{gx}{v_0\cos\alpha_0} - u\sin b\right)^2 + u^2\right\} .$$

Appelant a et b les coordonnées du centre de la roue rapportées au seuil de la vanne comme origine et r le rayon qui va du centre de la roue au point dont x et y sont les coordonnées

$$\cos b = \frac{y-b}{r} \;, \qquad \sin b = \frac{a-x}{r} .$$

On peut sans grande erreur regarder b comme indépendant de x et de y dans la petite étendue, où l'on peut faire varier ces coordonnées : en admettant cette circonstance, il faudra pour que la perte exprimée ci-dessus soit un minimum par rapport à x que le terme qui contient x s'annulle, ce qui donnera

$$x = v_0 \cos\alpha_0 \left(\frac{u \sin b - v_0 \sin\alpha_0}{g}\right) .$$

La distance x doit être très petite puisque $\frac{u\sin b - v_0 \sin\alpha_0}{g}$ est très petit. On ne peut pas dans la pratique rapprocher les augets de la chûte à la distance qui répond à cette valeur de x ; mais enfin on doit les mettre le plus près possible : une fois que cette distance est amenée à un minimum fixe il ne reste plus qu'à disposer de u de manière qu'on ait

$$u = \frac{v \cos u v}{2}$$

condition qui se tirerait aussi de l'expression précédente en la différentiant par rapport à u seul.

Dans la pratique le travail qu'on doit rendre un maximum n'est pas celui que reçoivent les augets de la roue, mais celui qui est employé à produire l'effet utile, comme à faire tourner la meule quand il s'agit d'un moulin à blé: or il y a entre ces deux quantités de travail une différence sensible qui provient des pertes qui sont dues aux frottements de toute nature. Il faut donc avoir égard à ces pertes dans la détermination de la vitesse u qui répond à ce maximum d'effet utile.

Les frottements seront des fonctions de la force due à l'action du fluide sur la roue et des poids des systèmes de rotation: on pourra représenter le travail qu'ils font perdre par un produit de la forme

$$uf(u)$$

la fonction $f(u)$ ne varie pas beaucoup avec u en raison de ce que les poids des systèmes font la principale partie des frottements; $\frac{df(u)}{du}$ sera une quantité assez petite, de plus elle sera négative parceque la force due à l'action de l'eau sera d'autant plus grande que la vitesse u sera plus petite. Le travail utile qu'il faut rendre un maximum par rapport à u sera

$$T = pH\frac{pv^2}{2g} + \frac{pu}{g}\left(v\cos\widehat{uv} - u\right) - uf(u)$$

la condition du maximum devient

$$v\cos uv - 2u - \frac{g}{p}f(u) - u\frac{df(u)}{du}\frac{g}{p} = 0$$

regardant $f(u)$ comme une quantité à peu près connue ainsi que $\frac{df(u)}{du}$ on aura

$$u = \frac{v\cos uv - \frac{g}{p}f(u)}{2 + \frac{g}{p}\frac{df(u)}{du}}$$

ici comme nous venons de le remarquer $\frac{df(u)}{du}$ est une quantité négative.

La vitesse u sera en général d'autant plus petite que $\frac{f(u)}{v\cos u}$ sera grand par rapport à $\frac{1}{2}\frac{df(u)}{du}$ ainsi plus frottements feront perdre de travail par seconde plus il faudra prendre la vitesse en dessous du terme théorique $\frac{v\cos\widehat{uv}}{2}$.

Les considérations précédentes ne sont qu'approximatives pour tout ce qui tient à l'influence de la vitesse v du fluide au moment où le choc se produit dans l'auget; il faudrait pour plus d'exactitude tenir compte des différences de vitesses pour les différents filets de la veine fluide et pour les différentes hauteurs où se font les chocs de ces filets dans l'auget. L'introduction de ces éléments dans la question la rend d'une complication telle qu'il n'est pas possible de la traiter alors avec exactitude.

Tout ce qu'on peut faire pour s'approcher le plus possible de cette exactitude, c'est de remarquer que comme la vitesse v qu'a le fluide à l'instant où le choc se produit dans l'auget est plus faible pour les filets supérieurs que pour les filets inférieurs, il s'ensuit que la vitesse u doit être calculée sur une vitesse v moyenne et sur une position moyenne de l'auget lequel doit être supposé contenir la moitié de l'eau qu'il est destiné à recevoir. La chûte qui engendre alors cette vitesse v se trouve très faible. On ne peut la porter dans la pratique à plus de 0,20 ce qui donnant $v = 2,00$ conduirait à prendre

$$u = 1,00 \cos \widehat{uv}$$

ainsi u serait moindre que un mètre : c'est aussi ce que l'expérience donne. Dans ces conditions les plus favorables les augets n'ayant pas plus de 0,40 d'écartement et le dessus de la vanne se trouvant en dessous du niveau supérieur de 0,10 à 0,20 ; on trouve par expérience que le travail transmis à l'arbre de la roue déduction faite par conséquent des frottements sur les coussinets est d'environ

$$0,75\,pH$$

Comme le cheval de machine vaut 0,075 par seconde il s'en suit que le nombre des chevaux transmis par une roue de coté est de

$$10\,pH\ .$$

En général en appelant h la hauteur moyenne dont le fluide descend depuis le niveau supérieur jusqu'au point où le choc se fait dans l'auget, on a trouvé par les expériences faites sur la roue de Chatellerault * qu'on pouvait poser pour l'expression du travail que rend l'arbre de la roue

$$T = 0,85\,p(H-h) + \frac{p}{g}\,u(v\cos uv - u)$$

le coëfficient du premier terme descend jusqu'à 0,75 mais on peut le porter moyennement à 0,80 et poser

$$T = 0,80\,p(H-h) + \frac{pu}{g}(v\cos uv - u)$$

cette formule s'applique aux roues recevant de l'eau un peu en dessous ou un peu en dessus du centre et par déversoir de manière que la hauteur h qui engendre la vitesse v ne soit pas plus du quart de la chûte totale, ce qui suppose que la lame d'eau passant sur le déversoir n'a pas plus de 0,05 à 0,12 d'épaisseur. Elle suppose aussi que les augets sont bien emboîtés par un coursier qui ne laisse pas un centimètre de jeu entre le bord de ces augets et le fond du coursier.

On conçoit que si l'entrée de l'eau dans l'auget est gênée, ce dernier sera plus longtemps à prendre la quantité de liquide qu'il doit recevoir, et conséquemment il sera descendu plus bas quand il recevra les dernières molécules du fluide ; ainsi la vitesse v pour ces molécules deviendra plus grande : ce qui sera une cause d'augmentation de perte ; et d'autre part, s'il y a un déversoir

---

* Mémorial de l'Officier d'Artillerie, N° 3.

à coté de la vanne, la gêne que l'eau éprouvera à entrer dans l'auget fera relever le niveau en amont et une plus grande quantité d'eau venant alors à passer sur le déversoir il en passera moins sur la roue.

Pour ces motifs on tâche de faciliter l'entrée de l'eau dans les augets. Or un des principaux moyens pour cela c'est de donner aux fonds des augets à l'entrée la direction de la vitesse relative résultante de v et de la vitesse opposée à u. Comme v n'est pas une vitesse unique on ne peut satisfaire à cette condition que par une valeur moyenne de v. On prendra donc cette valeur de v, en supposant l'auget dans sa position moyenne entre celle à l'instant où il commence à recevoir et celle où il finit de recevoir le liquide, et on le supposera contenant la moitié de l'eau qu'il doit recevoir : ces suppositions donneront à v une valeur et une direction déterminée. Comme nous l'avons déjà dit u devra être pris de manière qu'on ait

$$u = \frac{v \cos \widehat{uv}}{2}$$

pour les roues recevant l'eau un peu en dessous du centre, l'angle $\widehat{uv}$ sera à peu près de 45°, de sorte qu'en formant un triangle AVU dans lequel AV a la direction de v, et AB celle de u ; prenant $AU = \frac{1}{2} AB = \frac{1}{2} V \cos(\widehat{vu})$, on aura la direction du fond de l'auget : pour celle de VU cette direction se trouve un peu inclinée sur le rayon de la roue dont la direction est celle de la perpendiculaire VB à AB.

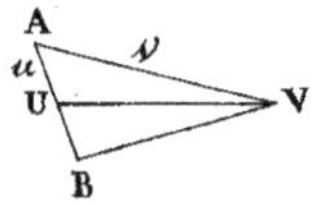

Pour les roues qui reçoivent l'eau en dessus du centre on ne peut plus remplir cette condition à moins de diriger le fond de l'auget de manière à ne plus contenir l'eau et à la laisser couler dans le coursier de sorte que pour peu qu'il y ait du jeu entre celui-ci et l'auget on perdrait trop d'eau.

Alors on remédie à ces inconvénients en plaçant des ajutages par lesquels l'eau en passant sur le seuil de la vanne prend une direction presque verticale en tombant dans l'auget ; alors on peut encore diriger le fond de l'auget suivant la vitesse relative résultante de v et de la vitesse opposée à u. Ces ajutages sont des espèces de planches en tôle placées les unes à coté des autres et peu séparées. On en verra la disposition dans les dessins de l'Ouvrage de Christian ou dans ceux de la Collection de Le Blanc.

Voici quelques détails de construction de roue à augets qui reçoivent l'eau un peu en dessous du centre, ce qui se fera pour les chûtes jusqu'à 2^{m},00 à 2^{m},25.

On dispose d'abord deux murs latéraux formant le coursier de la largeur convenable pour que l'eau de la source se débite avec une vitesse de 1 mètre en formant une lame d'une petite épaisseur qui ne peut varier qu'entre 0,20 et 0,10 depuis le dessus du seuil que forme la vanne motrice jusqu'au niveau de l'eau en amont avant la courbure de la surface, ce qui réduit la lame sur le seuil à environ 0,12 ou 0,06 ; ensuite on dispose les augets de manière que le bord b-d ou le fond soit dans la direction de la vîtesse relative de l'eau qui arrive par rapport à la roue, en prenant la direction de l'eau qui arrive pour une position moyenne de l'auget et prenant la vîtesse sur la chûte d'après le niveau à l'amont : ici pour une lame ayant 0,20 à l'amont, la vîtesse à la rencontre de l'eau avec le niveau moyen dans l'auget, celui-ci ayant 0,30 de profondeur moyenne et devant se remplir à moitié seulement pendant son passage ; la chûte de l'eau, devra être calculée jusqu'en c à la moitié de la hauteur de l'auget à partir du seuil ; ce qui

fera une chûte moyenne de $\frac{1}{2}(0,20 + \frac{1}{2} 0,30) = 0,17$; ainsi on aura $v = 1,82$. la roue devra avoir une vîtesse $\frac{\Delta}{2} v \cos(uv) =$ à peu près 0,70 : on fera ainsi le troisième côté du triangle sur v et u et on aura la direction du fond de l'auget qui est un peu relevé sur le rayon. Cependant comme la roue peut marcher un peu plus vîte que 0,80 par seconde on pourra calculer sur une vîtesse de 1m,00 ce qui rendra le fond moins relevé et d'une direction très approchée de celle du rayon de la roue.

On donnera aux augets une épaisseur de 0,48 afin qu'en les supposant à moitié pleins avec la vîtesse de 0m,80 à 1m,00 ils débitent l'eau de la chûte qui fournit ici 0,21 par mètre de large.

Une portion du fond cf se relève pour faciliter le mouvement de l'eau et une ouverture est ménagée en f pour la sortie de l'air.

Les planches ont 0,03 au plus d'épaisseur ; elles sont toutes unies par des tasseaux ou coyaux placés de mètre en mètre de largeur ; ainsi on en met quatre pour une roue de trois mètres. Une plaque de fonte gh forme la tête du coursier laquelle se fait en madriers fixés sur des courbes encastrées dans la maçonnerie des murs, ou bien en pierres de taille comme les murs latéraux. La vanne se meut contre la plaque de fonte qui a une partie plate de 0,04 à 0,05 de hauteur pour s'appliquer contre cette vanne : celle-ci glisse dans la direction de la tangente au coursier dans des rainures pratiquées dans deux poteaux ayant la même direction : ils sont encastrés dans la maçonnerie des murs latéraux. La plaque de fonte a des retours ou rebords d'équerre qui se vissent sur ces poteaux de bois.

La vanne se manœuvre à l'aide de deux crics placés sur une traverse en bois qui réunit les poteaux coulisse de la vanne. Ces deux crics sont

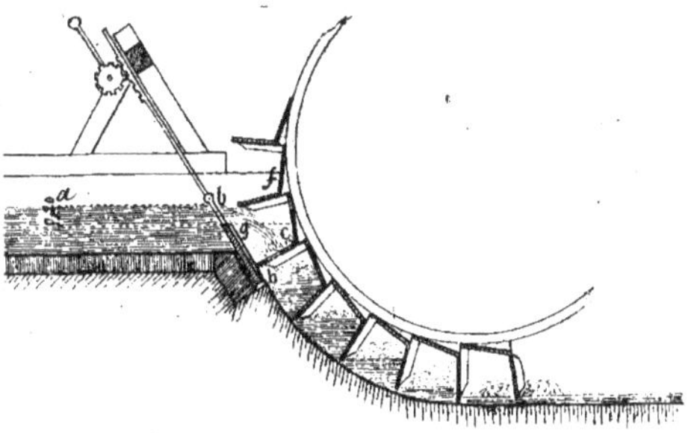

formée de deux pignons tournant avec un seul axe qui entre dans l'intérieur du bâtiment, et là, il porte une roue dentée d'un plus grand diamètre, qui marche à l'aide d'un petit pignon qu'on manœuvre avec une quadruple manivelle : le seul frottement arrête la vanne où elle a été placée.

La roue dans la partie inférieure plonge dans le bief inférieur de manière que la moitié des augets soit dans l'eau et que le dessus du liquide qui sort, soit dans les augets au niveau de la surface supérieure du bief inférieur : ensuite on donne au bief une profondeur d'environ $1^{m},30$ pour que la pente y soit faible ; on en fait autant au bief supérieur.

Pour ajuster la roue dans le coursier, on commence par poser l'axe sur ses paliers, puis on fait tourner dessus une Cherche qui ait environ 0,03 de moins que la roue ; on la fait tourner en plaçant devant un coin qui doit prendre une épaisseur de 0,03 au droit de la Cherche ; alors on ragrée la maçonnerie avec la cherche et ce coin. Cela fait, on essaye le passage d'une planche coupée comme le fond de l'auget : si elle passe bien avec un peu de peine sans aucun jeu nulle part, alors on fixe sur la traverse des crics de la vanne une planchette qui donne le moule ou la cherche du contour extérieur du fond des augets, et on place chacun de ces fonds, quand la roue est montée, en amenant le tasseau ou coyeau devant la cherche fixe et en amenant le fond de l'auget qu'on veut poser jusqu'à ce qu'il s'applique contre la cherche fixe.

Pour les roues en dessus, comme il faut que les augets tiennent l'eau sans coursier, il faut qu'ils aient une paroi très inclinée ; et pour que l'eau entre bien, il est bon que la vitesse relative soit dans la direction de cette paroi : pour cela il est nécessaire que la vitesse réelle soit horisontale et un peu grande. On met deux joues latérales qui accompagnent la veine jusqu'au troisième auget, afin que l'eau qui n'entre pas dans le premier tombe dans les suivants.

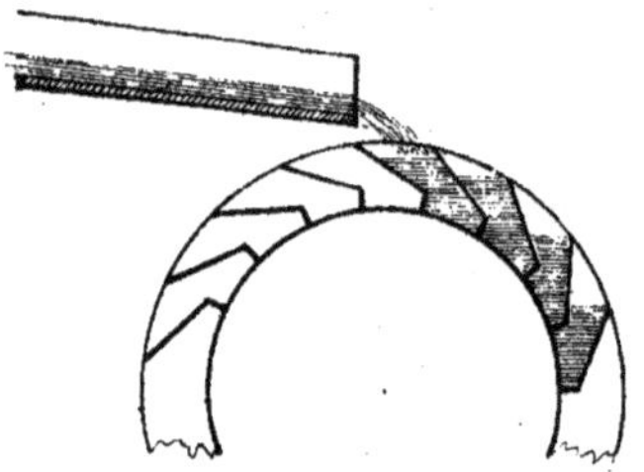

On fixe les tourillons en fonte en les faisant entrer dans une échancrure. On leur donne quatre ailettes en queue d'hironde, on place des frêtes en fer forgé ; ensuite on lance des coins de fer pour serrer le bois contre les frêtes et amener les tourillons aux points de centre, c'est-à-dire sur la perpendiculaire au plan déjà prononcé par les courbes de la roue.

Roues à

Roues à augets recevant l'eau par dessus.

Quand la chûte n'a pas plus de 2^m, à $2^m,50$ on fait arriver l'eau sur la roue un peu en dessous du centre, ce qui se peut en donnant à celle-ci un rayon de $2^m,50$ à $3^m,00$: mais quand la chûte dépasse ces hauteurs on est obligé alors de faire arriver l'eau en dessus du centre. On la reçoit encore de côté et dans ce cas, on tâche comme on l'a dit ci-dessus de diriger l'eau au sortir du bief supérieur de manière qu'elle arrive sur la roue avec une vitesse presque verticale : de cette manière, on peut encore diriger le fond de l'auget suivant la vitesse relative et on a le même produit que pour les roues de côté recevant l'eau en dessous.

Si la chûte dépasse $3^m,50$ alors il vaut mieux recevoir l'eau tout à fait en dessus de la roue en donnant à celle-ci un diamètre plus petit que la chûte.

Dans ce cas la difficulté de construire un coursier qui emboîte bien les augets du haut en bas, fait qu'on le supprime et qu'on en remplace l'effet par une forme d'augets propres à bien tenir l'eau pendant leur descente. On s'arrange alors pour que ceux-ci ne soient pas même à moitié pleins afin qu'ils ne déversent une partie de l'eau qu'ils ont reçue que lorsqu'ils sont presque au plus bas de leur course.

Dans ces roues comme dans les autres roues à augets pour utiliser une partie de la force vive qu'a l'eau en arrivant, il faut diriger la veine à son entrée dans l'auget, là où se fait le choc dans une direction qui se rapproche de celle de la vitesse de l'auget ; ainsi on fait arriver l'eau un peu horisontalement, mais à cause de la chûte et de la profondeur de l'auget, le choc se fait toujours sous un angle assez sensible. Cet angle ne dépassant pas un quart de droit, on peut encore diriger la paroi de l'auget dans une direction qui s'approche beaucoup de celle de la vitesse relative ; ce qui doit faciliter l'entrée de l'eau et empêcher qu'il n'y en ait autant de rejetée hors de l'auget.

Pour que l'eau qui est rejetée par le choc de la veine contre la première paroi de l'auget ne soit pas perdue et retombe dans l'auget suivant, on embrasse entre deux joues fixes trois ou quatre augets vers le lieu où l'eau est reçue par la roue.

Quand ces roues dans coursier tournent un peu vite ainsi que cela devient nécessaire pour les roues des marteaux de forges, puisque leur vitesse doit varier à peu près du simple au triple ; alors l'auget tend à déverser bien plus d'eau avant qu'il soit au bas de la chûte. C'est ce qu'on reconnait en examinant quelle est la courbure que doit prendre la surface de l'eau dans l'auget. Cette courbure est celle d'un cercle ayant son centre au dessus de celui de la roue à une hauteur égale à $\frac{g}{\omega^2}$, ω étant ici la vitesse angulaire de la roue. En effet la courbe devant être perpendiculaire à la résultante du poids dont l'accélération est g et de la force centrifuge dont l'accélération est $\omega^2 R$, R étant la distance de la molécule d'eau que l'on considère à la tangente, si l'on représente l'une des composantes par R et qu'on la porte dans la direction de R l'autre sera $\frac{g}{\omega^2}$ et devra être portée verticalement, donc la résultante devra toujours couper la verticale menée par le centre de la roue en un point situé au dessus de ce centre à une distance égale à cette seconde composante, c'est-à-dire à $\frac{g}{\omega^2}$.

Quand par exemple une roue de $3^m,00$ de diamètre commence à prendre à la circonférence une vîtesse de $3^m,00$ par seconde, on a

$$\omega = 2,00 \qquad \text{et} \qquad \frac{g}{\omega^2} = 2^m,45 \; ;$$

dans ce cas la courbure de la surface de l'eau est assez forte pour qu'on soit obligé de faire ensorte que les augets soient peu remplis : mais quelque peu pleins qu'on les suppose ils rejeteront toujours leur eau un peu avant d'être arrivés au bas de leur chûte. Si l'on fait le dessin des augets et qu'on évalue ce que chacun doit rejeter ainsi, on trouve pour chaque vîtesse ω une perte qui répond assez bien à la réduction que doit subir la formule

$$T = p(H-h) + \frac{p}{g} u (v \cos uv - u) .$$

Pour de faibles vîtesses ω on peut poser

$$T = 0,85 \, p(H-h) + \frac{p}{g} u (v \cos uv - u)$$

c'est ce qui résulte d'expériences sur la roue de Guebwiller (Mémorial de l'Officier d'Artillerie n° 3). Dans ces expériences la chûte qui engendrait la vîtesse v était de $\frac{1}{10}$ à $\frac{1}{12}$ de la chûte totale ; lorsque la chûte qui engendre v est de $\frac{1}{6}$ à $\frac{1}{8}$ de la chûte totale on doit poser alors

$$T = 0,80 \, p(H-h) + \frac{p}{g} u (v \cos uv - u) .$$

Des Roues à vases fermés recevant l'eau au bas de la chûte.

La théorie et les formules pour les roues précédentes s'appliqueraient à celles-ci ; il suffit de prendre $h = H$ et l'on a ainsi théoriquement

$$T = \frac{p}{g} u (v \cos uv - u)$$

en admettant toutefois que le fluide en quittant les palettes où il se trouve emboîté, après le choc, n'a que la vîtesse u de ces palettes : mais on conçoit que le temps pendant lequel l'eau est enfermée entre les palettes étant très petit, le fluide peut tourbillonner dans l'espèce de vase dans lequel il est ainsi enfermé un instant et qu'au moment où il en sort, il peut avoir ce mouvement interne dans le vase. Cette circonstance n'empêche pas de conserver les formules précédentes où l'on ne supposait à l'eau qui sort du vase que la force vive $\frac{p}{2g} u^2$ qui est due à la vîtesse u de celui-ci. Si l'on suppose qu'à l'instant où le fluide commence à s'échapper du vase son centre de gravité ait pris la vîtesse u du vase, sa force vive sera

$$\frac{p}{2g} u^2 + \Sigma \frac{dp}{2g} w^2 ,$$

dp désignant

dp désignant ici le poids d'une molécule fluide et w la vitesse relative de cette molécule en la rapportant à des axes dont l'origine est mobile avec le vase mais dont les directions sont fixes : on il arrivera que le terme $\Sigma \frac{dpw^2}{2g}$ qui se trouve en plus dans la force vive perdue en raison de ce que le fluide en conserve en sortant du vase, se trouvera aussi en moins dans l'expression de la perte par le choc qui ne sera plus que la force vive due à la vive relative

$$\frac{p}{2g}\left(u^2+v^2-2uv\cos\widehat{uv}\right)$$

diminuée du même terme

$$\Sigma \frac{dpw^2}{2g}$$

ainsi ce dernier terme disparaîtra dans l'expression du travail transmis à la roue, et l'on aura toujours

$$T=pH-\frac{p}{2g}\left(u^2+v^2-2uv\cos\widehat{uv}\right)-\frac{pu^2}{2g}$$

en y faisant $v^2=2gH$, puisque la vitesse v est due à toute la chûte H ; elle devient

$$T=\frac{p}{g}u\left(v\cos\widehat{uv}-u\right).$$

Les vases de ces roues sont le plus souvent formés de palettes emboîtées dans un coursier ; il importe beaucoup d'abord de bien emboîter les palettes pour qu'aucune particule n'échappe au choc dans le vase et ne passe sans donner une portion de la force vive. Ensuite il y a bien plus d'importance à ce que les palettes prennent une vitesse $u=\frac{v\cos uv}{2}$ répondant au maximum de travail à recueillir par la roue, car le terme $\frac{p}{g}u\left(v\cos\widehat{uv}-u\right)$ forme ici à lui seul le travail recueilli et il diminue très rapidement quand u s'éloigne de cette valeur qui répond à la valeur maximum ; ainsi en posant toujours

$$H=\frac{v^2}{2g}$$

on a pour $u=\frac{v\cos uv}{2}$

$$T=\frac{1}{2}pH\cdot\cos^2 uv.$$

et pour $u=\frac{v\cos uv}{4}$ on n'aurait que

$$T=\frac{3}{8}pH\cdot\cos^2 uv$$

c'est-à-dire un quart de moins.

Dans ces roues si l'on voulait faire varier la vitesse u dans le rapport de 1 à 3 comme on peut le faire dans les roues de côté, en ne perdant qu'une très faible portion du travail total, on ferait une bien plus grande perte puisque pour

$$u=\frac{1}{4}v\cos uv \qquad \text{et} \qquad u=\frac{3}{4}v\cos uv$$

on a

$$T = \frac{3}{8}\, pH \cdot \cos^2 uv \quad .$$

Ainsi qu'on l'a dit pour les roues à augets, dès qu'il y a quelques pertes de travail depuis la roue jusqu'au point où l'on veut obtenir l'effet utile : comme c'est en ce point qu'il faut rendre le travail un maximum on doit prendre $u < \frac{v \cos uv}{2}$, u devra être d'autant plus petit que les pertes seront plus considérables pour chaque de tour.

Dans la pratique on ne peut pas compter que le maximum de T dépasse la valeur

$$T = 0{,}30\, pH$$

ce maximum répondant au travail transmis par l'arbre de la roue déduction faite des frottements sur les tourillons de celles-ci ; et pour avoir ce maximum on doit prendre

$u = 0{,}40\, v \cos uv$ au lieu de $u = 0{,}50\, v \cos uv$

cette valeur $u = 0{,}40\, v \cos uv$ donnerait

$$T = 0{,}48\, pH \cos^2 uv$$

mais on ne doit prendre que

$$T = 0{,}30\, pH \cos^2 uv \quad :$$

des observations de Smeaton portent à prendre toujours

$$T = 0{,}60\, \frac{p}{g}\, u\,(v \cos uv - u)$$

ce qui donne pour $u = 0{,}50\, v \cos uv$

$$T = 0{,}30\, pH \cos^2 uv$$

et pour $u = 0{,}40\, v \cos uv$

$$T = 0{,}288\, pH \cos^2 uv$$

Ce coëfficient 0,60 qu'on doit introduire dans la valeur de T tient en partie à l'eau qui s'échappe par le jeu entre les palettes et le fond du coursier, on pourrait le porter à 0,70 pour des palettes parfaitement emboîtées sur une longueur de deux ou trois intervalles de palettes.

On peut remarquer ici que l'effort moyen P exercé sur la roue au point milieu des augets dont la vîtesse est désignée par u, est égal théoriquement à

$$P = \frac{p}{g}\,(v \cos uv - u)$$

et dans la pratique il faut le prendre égal à

$$P = 0{,}60\, \frac{p}{g}\,(v \cos uv - u)$$

c'est cette force qu'on doit employer quand on veut calculer les frottements sur les tourillons.

On doit faire attention que toute la théorie des roues à augets et des roues à palettes emboîtées ne suppose pas l'axe nécessairement horisontal, il peut être inclinée, et même pour les roues à palettes recevant l'eau en dessous il peut être tout à fait vertical.

Roues à vases ouverts.

Sans action sensible de la gravité pendant que le fluide passe dans le vase.

Nous emploierons ici le terme générique de vases pour désigner les aubes, les palettes courbes ou déviées, et en général tout ce qui reçoit la veine fluide et la rejète ensuite hors de la roue. Par l'expression de vases ouverts, nous entendrons ainsi que ces appareils rejetent le fluide hors de la roue sans l'avoir forcé à s'arrêter dans le vase et à prendre soit pour toutes les molécules, soit seulement pour son centre de gravité la vitesse u du vase comme cela avait lieu dans ceux que nous avons appelés vases fermés.

Pour établir des considérations générales plus ou moins applicables à tous les cas dont nous allons nous occuper, nous nous représenterons le vase comme une espèce de canal courbé présentant son ouverture pour recevoir la veine fluide qui entrée dans le canal y circule pour en sortir par une autre ouverture.

Nous prendrons d'abord le cas où l'action de la gravité peut être négligée parceque le mouvement dans le vase se fait horisontalement ou dans une si petite hauteur qu'on puisse négliger la quantité dont la veine fluide s'élève ou s'abaisse pendant qu'elle passe dans le vase.

Le fluide arrivant dans le vase avec une vitesse v et celui ci ayant une vitesse u, le quarré de la vitesse relative au vase sera

$$u^2+v^2-2uv\cos(\widehat{uv})$$

Si w désigne la vitesse relative du fluide à la sortie du vase, en estimant cette vitesse relative par rapport au vase; la force vive perdue par le choc à l'entrée du vase si ce choc existe, et par le passage dans le vase en raison des frottements sera

$$\frac{p}{2g}\left(u^2+v^2-2uv\cos\widehat{uv}\right)-\frac{pw^2}{2g}$$

la vitesse absolue qu'a le fluide en sortant du vase étant la résultante des vitesses u et w la force vive due à cette résultante sera

$$\frac{p}{2g}\left(u^2+w^2+2uw\cos\widehat{uw}\right)$$

ainsi le travail transmis à la roue sera

$$\begin{aligned}T=\frac{p}{2g}v^2-\frac{p}{2g}\left(u^2+v^2-2uv\cos\widehat{uv}\right)\\+\frac{p}{2g}w^2-\frac{p}{2g}\left(w^2+u^2+2uw\cos\widehat{uw}\right)\end{aligned}$$

ou en

ou en réduisant

$$T=\frac{p}{g}u\left(v\cos(\widehat{uv})-u-w\cos(\widehat{uw})\right).$$

Cette formule montre déjà que si l'angle $\widehat{uw}$ est obtus le travail T sera d'autant plus grand que w sera plus grand, c'est-à-dire qu'il y aura eu moins de perte de vitesse par le choc et les frottements dans le vase.

Le contraire aurait lieu si l'angle $\widehat{uw}$ était aigu : alors le choc et les résistances dans le vase tendraient à accroître T. Cette circonstance ne se présentant pas dans la pratique, on ne doit pas s'y arrêter. Pour une même valeur de w, c'est-à-dire pour les mêmes pertes de vitesses par le passage dans le vase, le travail T croîtra avec l'angle $\widehat{uw}$.

Si l'angle $\widehat{uw}$ est droit alors on a toujours quelle que soit w, c'est-à-dire quels que soient les chocs et la résistance dans le vase

$$T=\frac{p}{g}u(v\cos uv-u).$$

Cette formule est semblable à celle que donne les vases fermés, ainsi il est indifférent quant au travail à recueillir par la roue de garnir celle-ci de vases fermés ou de vases ouverts faisant sortir le fluide dans une direction d'équerre avec la vitesse u des vases : et pour ce dernier cas les chocs ou frottements n'ont pas d'influence sur ce travail.

Si l'angle $\widehat{uw}$ pouvait être porté jusqu'à deux droits, ce qui ne peut se réaliser complètement, comme nous le détaillerons un peu plus loin ; alors on aurait

$$T=\frac{p}{g}u(v\cos\widehat{uv}-u+w).$$

Pour reconnaître jusqu'où peut s'élever théoriquement ce travail T supposons encore $\cos\widehat{uv}=1$, et admettons que la direction du vase à l'entrée étant celle des v et u, qui maintenant sont les mêmes puisque l'angle $\widehat{uv}=0$, il n'y a ni choc ni résistance dans le canal ou vase, et que la vitesse w de sortie soit alors égale à la vitesse relative d'entrée $v-u$: on aura dans cette supposition rationnelle

$$T=\frac{2p}{g}u(v-u)$$

et si l'on fait marcher la roue avec une vitesse $u=\frac{v}{2}$, on aura

$$T=\frac{pv^2}{2g},$$

c'est-à-dire que le travail transmis à la roue serait la totalité de celui que possédait la veine fluide à son entrée dans le vase.

Dans ce cas la force vive avec laquelle l'eau quitterait la roue étant

$$\frac{p}{2g}(u^2+w^2+2uw\cos\widehat{uw})$$

deviendrait

$$\frac{p}{2g}(u-w)^2,$$

et comme $w = v - u$ et que $u = \frac{v}{2}$ cette force vive serait nulle.

Comme nous venons d'admettre qu'il n'y avait ni choc ni résistance par le passage dans le vase ; il est tout simple que nous trouvions pour le travail T transmis à la roue la totalité de celui que possédait la veine à son arrivée sur la roue.

On arrivera au même résultat en supposant encore qu'ayant dirigé les parois du canal à son entrée dans la direction de la vitesse relative qui est la résultante de v et de l'opposée de u ; celui-ci est courbé avec continuité de manière qu'il n'y ait pas de choc pendant que les filets fluides le parcourent. Si d'ailleurs sa longueur est assez petite pour qu'on néglige les frottements qui ont lieu dans ce trajet, on aura

$$w^2 = (u^2 + v^2 - 2uv\cos uv')$$

et par suite T se réduira à

$$T = \frac{pv^2}{2g} - \frac{p}{2g}\left(w^2 + u^2 + 2uw\cos\widehat{uw'}\right) \;;$$

si l'on pouvait prendre $\cos\widehat{uw} = -1$ et $w = u$ on aurait comme précédemment

$$T = \frac{pv^2}{2g} \;.$$

Ceci est une limite dont on peut approcher dans ce système de roues, mais à laquelle on ne peut atteindre même à peu près. En effet on peut bien réaliser à très peu près l'absence de choc et de résistance au passage dans le vase, mais on ne peut faire ensorte que l'eau sorte de la roue avec une vitesse nulle ; il faut bien que cette eau quitte la roue, qu'elle se débite et coule dans le bief inférieur. Si a désigne la superficie qu'elle traverse dans le cylindre géométrique qui enveloppe la roue et v_1 la vitesse absolue qu'elle a en sortant de ce cylindre laquelle est estimée perpendiculairement à ce cylindre on devra avoir

$$av_1 = p$$

équation qui limitera la petitesse de v_1 suivant l'étendue a. Si la vitesse effective que prend l'eau en quittant le vase n'est pas dirigée dans le sens même du rayon de la roue, alors cette vitesse effective sera encore plus grande que v_1, on perdra donc plus de force vive dans ce cas que si a restant le même la vitesse absolue de sortie était dirigée dans le sens du rayon ; on doit donc tâcher de lui donner cette direction, tout en rendant a le plus grand possible, c'est-à-dire en tâchant que l'eau sorte de la roue sur la plus grande partie possible de la circonférence.

Roues à palettes non emboîtées sur les côtés dirigées dans le sens du rayon et plus larges que la veine fluide.

Dans ces roues les palettes font l'office de vases ouverts qui détournent les filets, et les forcent à quitter la roue dans la direction des palettes, c'est-à-dire perpendiculairement à la vitesse u de ces palettes. Les vitesses relatives w de chaque filet par rapport à la palette qu'il quitte peuvent ne pas être égales ; on aura toujours

$$T = \frac{pv^2}{2g} - \frac{p}{g}\left(u^2+v^2-2uv\cos\widehat{uv}\right) + \Sigma\frac{dpw^2}{2g} - \Sigma\frac{dp}{2g}\left\{w^2+u^2+2uw\cos\widehat{uw}\right\}$$

dp désignant ici le poids d'un élément de fluide qui prend la vitesse relative w en quittant la palette.

Quelles que soient les grandeurs des vitesses w, si l'on a $\cos\widehat{uw}=0$ pour tous les filets les termes en w s'en vont dans cette formule et il reste

$$T = \frac{p}{g}u\left(v\cos\widehat{uv}-u\right)$$

comme pour les roues à vases fermés ; tout ce qui a été dit de ces dernières s'appliquent dans ce cas-ci ; ainsi le produit pratique doit être

$$T = 0,60\,\frac{p}{g}u\left(v\cos uv-u\right)$$

ce maximum pratique répond à

$$u = 0,40\,v \qquad \text{au lieu de} \qquad u = 0,50\,v$$

on a dans le cas de ce maximum

$$T = 0,288\,\frac{pv^2}{g} \qquad \text{ou à peu-près} \qquad T = 0,30\,\frac{pv^2}{g}.$$

Cette formule suppose qu'il n'y a entre le fond du coursier et les palettes qu'un jeu de 0,01 environ et que ce coursier est assez long pour embrasser toujours au moins deux palettes ; celles-ci doivent avoir au moins en hauteur l'épaisseur de la veine : si elles étaient beaucoup plus hautes en même temps que beaucoup plus larges le travail T serait plus grand ; on présume qu'on pourrait alors le porter à

$$T = 0,40\,\frac{pv^2}{2g}.$$

Turbines de Fourneyron.

Ces roues ont été construites d'après le mode des anciennes roues du Basacle à Toulouse et d'après les idées de Borda et celles de Mr Burdin qui avait déjà perfectionné ces idées et modifié cet ancien système.

Dans les roues de Mr Fourneyron, l'eau reçue d'abord d'un réservoir en forme de tonneau, en sort par un orifice au bas du cylindre d'enveloppe en formant une couronne verticale. Des cloisons verticales intérieures un peu plus hautes que l'orifice inférieur forcent le fluide à sortir du tonneau dans une direction oblique que l'on choisit à volonté. En sortant du tonneau avec une vitesse v due à la charge dans ce tonneau, l'eau entre dans des vases en forme de canaux courbés à peu près d'un quart de circonférence et qui garnissent tout le tour d'une roue horizontale, laquelle enveloppe ainsi le tonneau à la hauteur de l'orifice inférieur. Ces vases ou canaux ont une hauteur verticale à peu près double de celle de l'orifice circulaire par où l'eau sort du tonneau.

Le liquide sort de ces vases ou canaux par toute la circonférence extérieure de la roue avec une vitesse qui, relativement à la roue et comme vitesse relative, est presque tangentielle à cette circonférence, mais qui dans l'espace et comme vitesse absolue est presque perpendiculaire à cette même circonférence. Cette roue tourne autour du tonneau par l'action de l'eau qui traverse les vases dont elle est garnie et elle sert ainsi de moteur à l'usine. Sa position en hauteur et par conséquent celle de l'orifice inférieur du tonneau est telle qu'elle plonge ordinairement dans le bief inférieur de toute son épaisseur verticale. Rien n'empêche même de la faire plonger davantage, car l'expérience a appris qu'elle produisait un effet à peu près le même quelle que fût la profondeur où on la mette sous l'eau.

L'axe qui porte cette roue repose en dessous dans une crapaudine immergée dans le bief inférieur. Au dessus de la roue cet axe traverse le tonneau; à cet effet celui-ci au lieu d'être plein est annulaire et laisse un tube vuide à son centre pour le passage de cet axe de la roue motrice, lequel vient s'appuyer dans des collets fixes en dessus du tonneau.

Pour varier le débit qui se fait par l'orifice intérieur du tonneau, une vanne en forme de manchon cylindrique glisse dans l'intérieur du tonneau et vient descendre pour intercepter par en haut une partie de la hauteur de l'orifice annulaire. Cette vanne a des échancrures verticales pour que les cloisons internes qui dirige l'eau à sa sortie ne l'empêchent pas de descendre; on la manœuvre par des montants qui s'élèvent au dessus du tonneau.

La théorie de ces roues si l'on néglige d'abord de la force centrifuge pendant le mouvement dans les vases dont elles sont garnies est toute comprise dans les considérations générales sur les roues à vases ouverts dont celles-ci sont le type le plus parfait.

Mais pour établir de suite la théorie la plus exacte, nous aurons égard à l'effet de la force centrifuge; désignons par

u la vitesse de la roue à sa circonférence intérieure dont le rayon sera R c'est-à-dire à l'entrée des vases ou aubes;

u_1 sa vitesse à la circonférence extérieure dont le rayon sera R_1;

le quarré de la vitesse relative w qu'a l'eau à l'entrée dans le vase étant

$$u^2+v^2-2uv\cos(\widehat{uv})$$

ce quarré se conservera si la direction des canaux à leur entrée est celle de cette vitesse relative, de manière qu'il n'y ait pas de perte par le choc: ce quarré se conserverait à la sortie sans l'effet de la force centrifuge. En vertu du principe des forces vives dans les mouvements relatifs, cet effet sera d'augmenter ce quarré de

$$u_1^2 - u^2$$

ainsi il deviendra

$$u_1^2 + v^2 - 2uv\cos(uv) = w_1^2 \quad ;$$

ce sera le quarré de la vitesse relative w_1 avec laquelle le liquide sort du vase. La vitesse effective de sortie que nous représenterons par v_1 doit être la résultante de la vitesse w_1 et de celle qui est opposée à u_1. Cette vitesse v_1 devant être aussi la plus petite possible on devrait avoir $w_1 = u_1$ et $\cos(u_1 w_1) = -1$ ce qui donnerait $v_1 = 0$, mais comme il n'est pas possible de remplir cette double condition puisque la vitesse v_1 doit servir au débit, on posera seulement

$$w_1 = u_1 \qquad \text{ou} \qquad w_1^2 = u_1^2$$

ce qui donne

$$\text{(A)} \quad \ldots\ldots\ldots\ldots \quad v^2 - 2uv\cos uv = 0$$

d'où

$$u = \frac{v}{2\cos\widehat{uv}} \ .$$

En même temps qu'on a $w_1 = u_1$ on a aussi par l'équation (A) ci-dessus

$$w = u$$

c'est-à-dire que la vitesse relative à l'entrée est égale à la vitesse des vases à cette même entrée.

Si l'on pose

$$\sin(u_1 w_1) = -\sin\delta$$

en représentant ainsi par δ l'angle aigu que fait avec la circonférence extérieure de la roue le dernier élément de chaque canal à sa sortie, on aura pour la vitesse v_1

$$v_1 = 2u_1 \sin\frac{1}{2}\delta$$

ensorte que la seule force vive perdue dans ces roues sera

$$\frac{4p}{2g} R_1^2 \frac{u^2}{R^2} \sin^2\frac{1}{2}\delta$$

ou

$$\frac{pv^2}{2g} \cdot \frac{R_1^2 \sin\frac{1}{2}\delta}{R^2 \cos^2(\widehat{uv})}$$

la paroi à l'entrée de chaque canal doit être dirigée suivant la résultante de la vitesse v et de la vitesse opposée à u. Soit C l'angle aigu que cette paroi fait avec la circonférence de l'intérieur de la roue, on aura

$$\sin C = \frac{v \cdot \sin(\widehat{uv})}{\sqrt{u^2 + v^2 - 2uv\cos uv}}$$

or comme on a déjà $v^2 - 2uv\cos uv = 0$; il viendra

$$\sin C = 2\cos(\widehat{uv})(\sin\widehat{uv}) \qquad \text{ou} \qquad \sin C = \sin 2(\widehat{uv}) \ .$$

Ainsi comme il est commode pour la construction que δ soit une angle droit, l'angle uv dans ce cas devra être d'un demi-droit, ainsi les cloisons intérieures dans le tonneau feront un angle de 45° avec le rayon à la sortie de ce tonneau et les aubes ou canaux dans les roues mobiles auront leur premier élément dans le sens du rayon.

M^r. Fourneyron qui a mis ces roues en pratique conseille les proportions suivantes :

L'aire de sortie déduction faite des pleins et dans le sens perpendiculaire à v doit être égale au quart du cercle de base du tonneau ; en désignant par e l'épaisseur de la lame d'eau sortant du tonneau ; on a ainsi

$$2\pi R e \sin(\widehat{uv}) = \frac{1}{4}\pi R^2$$

comme $\sin \widehat{uv} = 0,70$ on aura à peu près sans les pleins

$$e = \frac{2R}{16 \sin(uv)} = 0,11 \cdot 2R$$

M^r. Fourneyron prend

$$e = 0,28 \cdot R$$

et pour l'orifice de sortie

$$2,80 Re$$

on a donc

$$2,80 R e m v = p$$

et comme $e = 0,28R$ et $v = \sqrt{2gH}$, on aura

$$0,78 R^2 m \sqrt{2gH} = p$$

d'où

$$R = \sqrt{\frac{p}{0,78 m \sqrt{2gH}}}$$

ayant le rayon R on pourrait prendre si l'on ne voulait pas de surhaussement de l'eau dans les courbes

$$R_1 = \frac{R}{\sqrt{\sin \delta}}$$

comme on prend $\delta = 15°$ on a $\sin \delta = 0,233$ et $\sqrt{\sin \delta} = 0,48$ ainsi on aurait

$$R_1 = \frac{R}{0,48}$$

et M^r. Fourneyron prend

$$R_1 = \frac{R}{0,70}$$

Le travail recueilli par ces roues serait théoriquement

$$T = \left\{1 - \frac{R_1^2 \sin^2 \frac{1}{2}\delta}{R_2 \cos^2(uv)}\right\} \frac{pv^2}{2g}$$

ou

$$T=\left\{1-\frac{R_1^2\sin^2\frac{1}{2}\delta}{R_2\cos^2(uv)}\right\}pH$$

et comme $\cos^2 uv=\frac{1}{2}$, $\sin^2\frac{1}{2}\delta=0,04$ et $\frac{R}{R_1}=0,70$ il devient

$$T=0,96\cdot pH$$

dans la réalité cet effet s'est trouvé pour des turbines de 50 chevaux de

$$T=0,47\,pH \quad \text{à} \quad T=0,60\,pH$$

et pour des turbines de 100 chevaux de

$$T=0,69\,pH \quad \text{à} \quad T=0,74\,pH\ ;$$

(Voir le tableau des expériences dans le compte-rendu de l'Académie des Sciences, Séance du 28 Mars 1836).

Les Turbines sur lesquelles ces expériences ont été faites fonctionnaient avec une chûte de $1^m,88$ à $2^m,20$. Ces produits pratiques sont évalués sans avoir déduit ce qui est perdu en frottement, ensorte qu'ils sont censés mesurés sur le premier arbre de couche.

Pour présenter une solution rigoureuse de la question, il aurait fallu au lieu de prendre $w_1=u_1$, rendre un minimum la force vive perdue par la sortie du liquide, c'est-à-dire l'expression

$$\frac{p}{2g}\left(w_1^2+u_1^2-2u_1w_1\cos\delta\right)$$

dans laquelle l'angle δ est donné et w_1 doit être déterminé par

$$w_1^2=u_1^2+v^2-2uv\cos\widehat{uv}\ .$$

Lorsque $\cos\delta$ est très près de l'unité, $w_1=u_1$ est très près de la solution rigoureuse.

On aurait pu disposer les choses de manière que la vitesse de sortie v_1 fut dirigée dans le sens du rayon, ce qui serait la disposition la plus favorable pour rendre cette vitesse la moindre possible, si toutefois on n'avait pas égard à la variation w_1 dans l'expression de la force vive v_1^2 ou dans $w_1^2+u_1^2-2u_1w_1\cos\delta$, car elle devient alors un minimum pour

$$u_1=w_1\cos\delta$$

ce qui donne

$$v_1^2=w_1\sin^2\delta$$

ou bien

$$w_1^2=u_1^2+v_1^2$$

On a donc en substituant dans la valeur de w_1^2

$$\text{(A)} \quad \ldots\ldots\ldots\ldots \quad v^2-2uv\cos\widehat{uv}=v_1^2$$

et

$$v_1=u_1\tang\delta=u\frac{R_1}{R}\tang\delta$$

ce qui donne —

ce qui donne en substituant dans l'équation (A) et dégageant la vitesse u

$$u = \frac{v}{2\cos uv} \cdot \left\{ \frac{\sqrt{\left\{1+\frac{R_1^2 \tang^2\delta}{R^2\cos^2 uv}\right\}}-1}{\frac{1}{2}\frac{R_1^2 \tang^2\delta}{R^2\cos^2 uv}} \right\}$$

ou à très peu près en négligeant les termes en $\tang^4\delta$

$$u = \frac{v}{2\cos(\widehat{uv})} \left\{1 - \frac{1}{4}\frac{R_1^2 \tang^2\delta}{R^2\cos^2 uv}\right\}$$

l'angle $\mathcal{C}$ que fait la paroi à l'entrée du vase avec la circonférence est donné par

$$\sin \mathcal{C} = \frac{v \sin uv}{\sqrt{u^2+v^2-2uv\cos\widehat{uv}}}$$

ou bien par

$$\sin \mathcal{C} = \frac{v}{u}\,\frac{\sin uv}{\sqrt{1+\frac{R_1^2 \tang^2\delta}{R^2}}}$$

et en mettant pour u sa valeur approximative et négligeant de même les termes $\tang^4\delta$

$$\sin \mathcal{C} = \frac{\sin 2(\widehat{uv})}{1+\frac{R_1^2\tang^2\delta}{4R^2\cos^2 uv}\cos^2 uv}$$

Ces roues ont l'avantage de rendre un travail à peu près en même proportion avec le travail pH de la chute lors même qu'elles sont immergées, ensorte que le niveau de l'eau du bief inférieur peut se relever beaucoup sans qu'on perde plus que ce qui doit résulter de la diminution de la chute. On voit en effet que par les expériences de Mr. Fourneyron que le travail transmis par la roue lorsqu'elle est immergée de 0,51 a été de 0,80 pH et lorsqu'elle est immergée de 0,25 à 0,30 qu'il a été de 0,87 pH.

Ce résultat tient à ce que l'écoulement qui engendre la vitesse v se fait toujours en raison de la chute restante H et que la vitesse v reste due à cette hauteur : d'ailleurs le dégagement de l'eau se fait de même.

L'inconvénient de ces roues c'est que leur vitesse u a une assez grande influence sur leur produit pour peu que cette vitesse ne soit plus celle qui est donnée par la formule

$$u = \frac{v}{2\cos uv}$$

ou par

$$u = \frac{v}{2\cos uv}\left\{1 - \frac{1}{4}\frac{R_1^2\tang^2\delta}{R^2\cos^2\widehat{uv}}\right\}$$

le travail recueilli diminue beaucoup. Cette vitesse u cesse de répondre à ces équations dès que la quantité d'eau fournie par la chute vient à augmenter et que comme cela arrive ordinairement l'effet utile à produire reste le même et qu'ainsi la résistance à vaincre ne change pas. En effet si l'on désigne par R cette résistance rapportée au point de la roue dont la vitesse est u, en appelant α le coëfficient de réduction qui doit affecter le produit pH pour exprimer le travail recueilli par la roue ; on aura

$$uR = \alpha pH$$

α dépend de u, c'est une fonction qui devient nulle pour $u=0$ et pour une certaine valeur de u, et qui a son maximum à très peu près pour

$$u = \frac{v}{2\cos uv}$$

ainsi comme on a

$$\alpha = u\frac{R}{pH}$$

quand p augmentera u diminuera dans un plus grand rapport que p puisque α doit diminuer quand u cesse de répondre au maximum de α : ainsi le coëfficient α diminuera quand p augmentera et la roue deviendra moins avantageuse ; elle ne pourrait conserver son avantage qu'autant que l'on ferait croître R dans le même rapport que p afin que u ne change pas : cela peut se faire dans un moulin en donnant à la roue deux meules à faire mouvoir au lieu d'une, si p venait à doubler. En même temps pour que l'angle uv n'ait pas besoin d'être changé, ni la vitesse u ; il faut que H et v restent les mêmes, ce qui exige que l'on augmente l'épaisseur e de la lame d'eau qui sort : c'est ce que l'on fait en relevant un peu la vanne. Mais si l'on n'augmente pas la résistance R dans le même rapport que p a augmenté, cela ne suffirait pas ; et la roue ne resterait pas dans les conditions du maximum à recueillir.

Turbines de Mr. Burdin.

Ces turbines sont construites à peu près comme celles de Mr. Fourneyron ; elles en ont même été le point de départ avec les anciennes roues du Basacle : la seule différence qu'elles aient avec les premières, c'est que la partie mobile est sous le tonneau au lieu d'être à l'entour, et que les aubes courbes au lieu d'avoir une petite hauteur, en ont une très sensible, qui est ordinairement la moitié de la chûte ; de sorte que l'eau y descend comme dans une espèce de tuyau. Le liquide y entre par quatre ouvertures supérieures placées sur une espèce de plateau à rebord qui reçoit le liquide qui sort du tonneau par quatre ajutages. Ceux-ci donnent à la vitesse v du liquide une certaine direction. Les parois des canaux inférieurs sont dirigées à l'entrée dans le sens de la vitesse relative résultante de cette vitesse v et de celle qui est opposée à la vitesse u des vases à leur entrée supérieure. Enfin ceux-ci rejètent l'eau dans le bief inférieur par des orifices inférieurs dirigeant le liquide dans une direction à peu près opposée à leur vitesse propre u, .

En conservant

En conservant pour ces roues les notations déjà employées pour les Turbines de Mr Fourneyron, et y ajoutant seulement les suivantes ;

h la charge d'eau dans le tonneau supérieur, de manière que la vitesse v que prend l'eau en sortant de ce tonneau soit $v = \sqrt{2gh}$;

h' la hauteur des canaux dont est garnie la roue inférieure, l'eau descendant ainsi dans cette roue de cette hauteur h'.

Nous aurons pour l'expression de la vitesse relative w_1 que prend le liquide en sortant par les orifices inférieurs

$$w_1^2 = 2gh' + u_1^2 + v^2 - 2uv\cos uv$$

afin que la vitesse absolue v_1 devienne très petite avec l'angle δ supplément de celui que font les vitesses w_1 et u_1, on pose toujours la condition

$$w_1 = u_1$$

ce qui donne

$$2gh' + v^2 = 2uv\cos uv \quad :$$

mais comme $v^2 = 2gh$ cette équation devient

$$2g(h'+h) = 2uv\cos uv$$

ou encore

$$2g\mathrm{H} = 2uv\cos uv$$

on peut mettre cette équation sous la forme

$$\frac{u}{v} = \frac{1}{2\cos uv}\cdot\frac{\mathrm{H}}{\mathrm{h}} \qquad \text{ou} \qquad v = \frac{\mathrm{h}}{\mathrm{H}}\, 2u\cos(\widehat{uv}) \quad .$$

Dans les Turbines de Mr Fourneyron on a $\mathrm{h} = \mathrm{H}$, et alors il faut prendre

$$\frac{u}{v} = \frac{1}{2\cos uv} \qquad \text{ou} \qquad v = 2u\cos(uv) \quad .$$

Pour ces roues on voit que la vitesse u devra être grande dans le rapport de H à h ; Mr Burdin prenant $\mathrm{h} = \frac{\mathrm{H}}{2}$ on a alors

$$u = \frac{v}{\cos\widehat{uv}} \qquad \text{ou} \qquad v = u\cos(uv) \quad .$$

La direction qu'il faut donner aux parois des canaux à leur entrée en dessus étant celle de la résultante des vitesses u et v sera telle que l'angle aigu $\mathcal{C}$ que cette direction fait avec la circonférence décrite dans le mouvement sera donné par

$$\sin \mathcal{C} = \frac{v\sin(uv)}{\sqrt{u^2 + v^2 - 2uv\cos\widehat{uv}}}$$

ou par

$$\sin \mathcal{C} = \frac{v\sin(uv)}{\sqrt{u^2 - 2gh'}}$$

cette valeur peut être mise sous la forme

$$\sin \mathcal{C} = \frac{\mathrm{h}\sin(uv)}{\sqrt{\frac{\mathrm{H}^2}{4\cos^2 uv} - hh'}} = \frac{\mathrm{h}\sin 2(uv)}{\sqrt{\mathrm{H}^2 - 4hh'\cos^2 uv}}$$

C. 8.

et si, comme Mr Burdin, on prend $h = h' = \frac{H}{2}$,

on a

$$\sin \mathfrak{b} = \cos(\widehat{uv}) .$$

Lorsque $\widehat{uv} = 45°$ on a aussi $\mathfrak{b} = 45°$.

Mr Burdin dit avoir fait une expérience qui a donné pour le travail recueilli par ces roues

$$T = 0{,}75\, pH$$

mais une autre expérience n'a donné que

$$T = 0{,}60\, pH .$$

On ne croit pas ces roues aussi avantageuses que celles de Mr Fourneyron parce que le débouché par dessous n'offre pas autant d'étendue, et que d'ailleurs, il faut les faire tourner trop vite ; ce qui fait perdre beaucoup en frottements.

On aurait pu comme pour les autres turbines satisfaire encor mieux à la condition de rendre la vitesse v_1 de sortie de l'eau, la plus petite possible, en la rendant perpendiculaire à la vitesse u_1 de la roue et en posant ainsi au lieu de $w_1 = u_1$

$$w_1^2 = u_1^2 + v_1^2$$

ce qui eût donné

$$2gh' + u_1^2 + v^2 - 2uv\cos uv = u_1^2 + v_1^2$$

d'où

$$2gH - v_1^2 = 2uv\cos(\widehat{uv})$$

et comme on a

$$v_1 = u_1 \operatorname{tang}\delta = u\frac{R_1}{R}\operatorname{tang}\delta$$

on aurait eu

$$u = \left\{\sqrt{\left\{\frac{v^2\cos^2 uv\, R_1^2}{R^2 \operatorname{tang}^2\delta} + 2gH\right\}} - \frac{v\cos uv\, R^2}{R \operatorname{tang}^2\delta}\right\}\frac{R_1}{R\operatorname{tang}\delta} .$$

Roues à réaction.

Ces roues sont formées d'un réservoir ou tonneau mobile tournant sur son axe et débitant l'eau par des orifices inférieurs comme dans la roue de Mr Burdin ; seulement le tonneau au lieu d'être formé de canaux, où l'eau peut entrer et descendre sans choc est supposé rempli d'eau de manière que la veine fluide qui y arrive produit un choc contre le liquide. Ces roues ne sont réellement qu'un cas particulier des turbines lorsqu'on y prend $h = 0$ et $h' = H$; alors le réservoir supérieur disparait, et les canaux mobiles inférieurs sont remplacés par un tonneau ou réservoir mobile d'où l'eau sort par des ajutages inférieurs qui dirigent son mouvement dans un sens opposé au mouvement de rotation des tonneaux.

Dans les applications jamais la vitesse v ne peut être nulle. L'eau reste stagnante par rapport au tonneau d'où elle sort par un petit orifice comparé à sa capacité, alors il y a toujours une perte de force vive qui est égale à

$$\frac{p}{2g}\left\{v^2 + u^2 - 2uv\cos uv\right\}$$

la vitesse relative de sortie étant toujours désignée par w_1, on a

$$w_1^2 = 2gh' + u_1^2 - u^2$$

et la force vive conservée par l'eau à la sortie et perdue pour ce que la roue peut recueillir est

$$w_1^2 + u_1^2 - 2u_1 w_1 \cos\delta$$

δ étant l'angle aigu que font les vitesses u_1 et w_1 ; ainsi on a pour le travail transmis à la roue

$$T = pH - \frac{p}{2g}\left(u^2 + v^2 - 2uv\cos\widehat{uv}\right)$$
$$- \frac{p}{2g}\left\{w_1^2 + u_1^2 - 2u_1 w_1 \cos\delta\right\}$$

w_1 étant donné par

$$w_1^2 = 2gh' + u_1^2 - u^2$$

regardant ici les angles $\widehat{uv}$ et δ comme donnés, il faudra rendre T un maximum par rapport au changement de u ; or on a

$$\frac{dw_1}{du} = \frac{u}{w_1}\left\{\frac{R_1^2}{R^2} - 1\right\}$$

ainsi on aura pour la condition du maximum de T

$$0 = u - v\cos\widehat{uv} + u\left(2\frac{R_1^2}{R^2} - 1\right) - \frac{uR_1}{w_1 R}\left(\frac{R_1^2}{R^2} - 1\right)\cos\delta$$
$$- w_1\frac{R_1}{R}\cos\delta \quad .$$

Supposant pour simplifier qu'on ait $R_1 = R$, cette équation devient

$$0 = 2u - v\cos uv - w_1\cos\delta = 0$$

ainsi on a

$$u = \frac{v\cos u + w_1\cos\delta}{2}$$

et dans ce cas la valeur maximum du travail T est

$$T = pH - \frac{pw'^2}{2g}\left(1 - \frac{1}{2}\cos^2\delta\right) - \frac{pv^2}{2g}\left(1 - \frac{1}{2}\cos^2 uv\right) + \frac{pv}{2g} w_1\cos\widehat{uv}\cos\delta$$

or comme $v^2 = 2gh$ et que $H = h' + h$, cette expression se transforme en

$$T = p\left\{h'\frac{\cos^2\delta}{2} + \sqrt{h}\sqrt{h'}\cos uv\cos\delta + h\frac{\cos^2 uv}{2}\right\}$$

ou

$$T = \frac{p}{2g}\,\frac{1}{2}\left\{v\cos\delta + w_1\cos\delta\right\}^2 \ :$$

le travail total disponible étant

$$T = \frac{p}{2g}\left\{v^2 + w_1^2\right\} = \frac{pH}{2g}$$

si v est très petit ou si $\cos\widehat{uv}$ l'est, ce qui arrive quand l'eau tombe verticalement dans le tonneau mobile, le rapport entre ces deux quantités de travail sera à très peu près

$$\frac{1}{2}\cos^2\delta\,\frac{h'}{H}$$

Si l'angle δ est comme dans les turbines de Mr Fourneyron de 15° on aura $\cos^2\delta = 0,94$, ainsi le rapport sera

$$0,47\,\frac{h'}{H}\;.$$

On voit donc que dans ces roues l'effet utile est très faible.

Si l'on eut fait arriver l'eau presque au centre du tonneau et qu'on eut pu regarder R comme très grand devant R, au lieu de prendre ces rayons égaux comme nous venons de le faire on aurait eu pour la valeur de T

$$T = pH - \frac{pv^2}{2g} - \frac{p}{2g}\left(w_1^2 + u_1^2 - 2u_1 w_1 \cos\delta\right)$$

et

$$w_1^2 = 2gh' + u_1^2$$

en substituant et réduisant on a ainsi

$$T = \frac{2pu_1 w_1 \cos\delta}{2g} - \frac{2pu_1^2}{2g} = \frac{p}{g}u_1\left(w_1\cos\delta - u_1\right)$$

la condition du maximum devient

$$\text{(A)} \;\ldots\ldots\ldots\ldots\; \left(w_1^2 + u_1^2\right)\cos\delta - 2u_1 w_1 = 0$$

en y joignant

$$w_1^2 - u_1^2 - 2gh' = 0$$

on en tire pour la condition du maximum

$$u_1 = \sqrt{gh'}\sqrt{\left\{\frac{1}{\sin\delta} - 1\right\}}$$

et en même temps pour le travail T transmis

$$T = ph'(1 - \sin\delta)\;.$$

On voit par ces formules que dans ce cas plus l'angle δ est petit plus la vitesse u_1 doit être grande pour le maximum de T.

Dans la pratique, comme le travail qu'il faut rendre un maximum doit être non seulement celui qui est immédiatement reçu par la roue, mais celui que son arbre peut transmettre; il faut déduire le travail perdu en frottements sur les tourillons, puisque la théorie conduisant dans cela à prendre u_1 très grand quand δ est très petit, ce travail prendrait alors une influence très sensible et ne peut plus être négligé. Il est de la forme Fu_1, ensorte qu'au lieu de l'équation (A) ci-dessus il faut poser

$$+\left(w_1^2 + u_1^2\right)\cos\delta - 2u_1 w_1 - g\frac{Fw_1}{p} = 0$$

et y joindre

$$w_1^2 = u_1^2 - 2gh' = 0\;;$$

on trouverait alors une valeur de u_1 plus petite que lorsqu'on n'avait pas égard aux frottements. Si l'on faisait $\cos\delta = 1$, ces équations deviendraient

$$(w_1 - u_1)^2 - g\frac{Fw_1}{p} = 0$$

$$w_1^2 = 2gh' + u_1^2 .$$

Les valeurs de u_1 et de w_1 cessent d'être grandes, pour peu que F ait une valeur sensible elles ne sont pas très grandes.

Enfin on peut encore considérer ces roues comme disposées dans le système de celles de Mr. Burdin, c'est-à-dire que l'eau ne resterait pas stagnante par rapport au tonneau, et qu'elle y glisserait dans des canaux verticaux sans éprouver de choc à son entrée. On tombe alors dans les formules

$$T = pH - \frac{p}{2g}(w_1^2 + u_1^2 - 2u_1 w_1 \cos\delta) - Fu_1$$

$$w_1^2 = 2gh' + u_1^2 + v^2 - 2uv\cos\widehat{uv}$$

Il faut rendre T un maximum par rapport à la variation de u ou de u_1 qui ont ensemble la relation $u_1 = \frac{u}{R}R_1$. Si l'on avait $F = 0$ et $\cos\delta = 1$ on aurait

$$u = \frac{2gH}{2v\cos uv} = \frac{H}{v}\,\frac{v}{2\cos uv}$$

cette valeur devient très grande si v est très petit ; mais en prenant toujours $\cos\delta = 1$ sans prendre $F = 0$ et négligeant les termes en v, on trouvera pour le maximum les mêmes équations de condition qu'on avait tout à l'heure quand on laissoit un choc au centre.

On peut ici faire une remarque applicable aux bateaux à vapeur qu'on pourrait faire marcher par la réaction de l'eau élevée sur le bateau à une certaine hauteur par une machine à vapeur.

Soit v la vitesse du bateau, et A_1 la section du bateau affectée d'un coëfficient de réduction qui est de 0,20 à 0,16 ; la résistance à vaincre sera de la forme

$$A_1\frac{v^2}{2g}$$

le travail à produire par seconde sera

$$A_1\frac{v^3}{2g} .$$

Si nous nous plaçons d'abord dans le cas où l'eau n'aurait pas de choc dans son passage et où l'angle δ que fait la vitesse relative w_1 à la sortie du vase avec la vitesse propre u du vaisseau serait nulle ; le travail transmis au vase qui est ici le bateau sera

$$T = pH - \frac{p}{2g}(w_1 - v)^2$$

or on a

$$w_1^2 = 2gH + v^2 ,$$

C. 9.

ainsi il viendra

$$T=\frac{p}{g}\,u\left(\sqrt{2gH+v^2}-v\right)\;;$$

et comme d'autre part on a

$$T=A_1\frac{u^3}{2g}$$

on trouvera ainsi l'équation

$$A_1\frac{v^3}{2g}=\frac{p}{g}\,v\left(\sqrt{2gH+v^2}-u\right)$$

ou,

$$A_1v^2=2p\left\{\sqrt{2gH+v^2}-v\right\}$$

cette équation donnerait la valeur de v pour une équation du 4e degré qui est

$$A_1^2v^4+4pv^3=8gp^2H$$

ou bien

$$A_1\frac{v^3}{2g}=\frac{4p}{4p+A_1v}\,pH\;.$$

Ce qu'il importe d'examiner c'est le rapport qu'il y a entre pH et la valeur que prend $A_1\frac{v^3}{2g}$ ou le travail utile. Si l'on était maître de la résistance au mouvement du bateau ; c'est-à-dire qu'on disposât tout à fait de A_1 ou de la section du maître couple ; alors on pourrait faire prendre à v une valeur aussi grande qu'on voudrait : il en serait de même si l'on disposait de p ou de H. Pour avoir le travail moteur pH nécessaire pour faire marcher le bateau avec la vitesse v on aura

$$pH=A_1\frac{v^3}{2g}\cdot\frac{4p+A_1v}{4p}$$

et comme le travail pH obtenu en eau élevée exigera à peu près du moteur à vapeur une force en chevaux de $\frac{pH}{\alpha}$, α étant le coëfficient de réduction pour les machines à élever de l'eau lequel sera environ de 0,60, on aura pour le travail exprimé en chevaux que doit produire la machine à vapeur

$$T=\frac{1}{\alpha}\,\frac{4p+A_1v}{4p}\,A_1\frac{v^3}{2g}\;.$$

Le poids p d'eau élevée ne peut être au plus égal qu'à α_1v, v étant la vitesse du bateau et α_1 la section que présente au courant l'orifice par où l'on prend l'eau à élever ; on auroit donc au minimum

$$T=A_1\frac{v^3}{2g}\cdot\frac{4\alpha_1+A_1}{4\alpha_1}\,\frac{1}{\alpha}$$

la valeur de p étant prise égale à α_1v, l'équation qui sert à déterminer v et qui est

$$A_1^2v^4+4\alpha_1pv^3=8gp^2H$$

devient

$$v^2(A_1^2+4A_1\alpha_1)=8g\alpha_1^2H$$

ou

$$v=\sqrt{\frac{a_1}{A_1}\cdot\frac{a_1}{A+\frac{A_1}{4}}}\sqrt{2gH} .$$

Quand on emploie des roues à palettes dont α désigne l'aire plongée pour les deux, et dont v désigne la vitesse relative ; nous verrons quand nous traiterons des roues à palettes placées dans un courant indéfini que la résistance horisontale qui se produit contre les palettes peut être exprimée assez approximativement par

$$\mathcal{C}\frac{\alpha}{g}v(u-v)$$

$\mathcal{C}$ étant un coéfficient plus petit que l'unité ; et que la résistance tangentielle au mouvement et dont le produit par v donne le travail fait par la machine est à très peu près

$$\frac{\alpha v}{g}(u-v) ;$$

comme celle qui a lieu contre le bateau est $A_1\frac{v^2}{2g}$, on aura pour l'uniformité du mouvement

$$A_1\frac{v^2}{2g}=\frac{\alpha\mathcal{C}}{2g}u(u-v)$$

cette équation donne

$$\frac{A_1}{\mathcal{C}\alpha}=\frac{u-v}{v}$$

ou

$$\frac{u}{v}=\frac{A_1+\mathcal{C}\alpha}{\mathcal{C}\alpha} ;$$

so on a pour le travail de la machine

$$T=\frac{\alpha u}{2g}v(u-v)=\frac{A_1}{\mathcal{C}}\frac{v^2}{2g}u=A_1\frac{v^3}{2g}\left(\frac{A_1+\mathcal{C}\alpha}{\mathcal{C}^2\alpha}\right)$$

ainsi les deux fractions à comparer pour mettre en balance les deux systèmes moteurs seront

$$\frac{4a_1+A_1}{4a_1\alpha} \qquad \text{et} \qquad \frac{A_1+\mathcal{C}\alpha}{\mathcal{C}^2\alpha}$$

ces fractions deviennent égales par la valeur

$$a_1=\frac{A_1\mathcal{C}^2\alpha}{4\cdot(A_1+\alpha\mathcal{C})\alpha-\mathcal{C}^2\alpha} \qquad \alpha=\frac{\alpha}{\mathcal{C}}\,\frac{A}{6(\mathcal{C}-\alpha)+\frac{\mathcal{C}}{4}}$$

dans les bateaux ordinaires et dans les bâtiments on prend $\alpha=\frac{1}{2}A$. ainsi on aura

$$a_1=\frac{A_1}{4}\cdot\frac{\mathcal{C}^2}{(2+\mathcal{C})\alpha-\mathcal{C}^2} .$$

Il résulte d'expériences de M.r Colladon que $\mathcal{C}=0,80$, on peut prendre α pour les machines à élever de l'eau à $0,60$; ainsi on aura

$$a_1=0,15A_1 ;$$

ainsi les palettes seront plus avantageuses tant que la section α_1 du courant élevé par les pompes ou toute autre machine sur le bateau ne sera pas plus grande que $0,15 A_1$; si A est la section du vaisseau on a $A_1 = 0,18 A$ et par suite

$$\alpha_1 = 0,027 A$$

et pour un bateau sur une rivière l'on aura à peu près $A_1 = 0,50 A$; on doit avoir

$$\alpha_1 = 0,075 A \quad .$$

Roues de Poncelet.

Dans ces roues les aubes forment des courbes verticales dans lesquelles l'eau s'élève et redescend pour ressortir par la même ouverture par laquelle elle est entrée. La hauteur de l'aube ne pouvant être négligée, la gravité a une influence sensible. Mais pour que le calcul de son action se fasse simplement comme celle qui a lieu sur un corps grave qui s'élève et redescend en se mouvant librement dans un canal, il faut qu'il n'entre dans chaque aube pendant le temps qu'elle se présente devant le courant qu'une petite quantité d'eau qui n'occupe qu'une petite portion de son développement : dans cette condition les aubes ne deviennent plus réellement que des vases où l'eau perd sa vitesse relative, et l'on rentre à peu près dans le cas des roues à palettes bien emboîtées.

Admettons néanmoins cette hypothèse d'une très petite quantité d'eau introduite dans chaque aube, de manière que l'on puisse la considérer comme un corps s'élevant sur une courbe par sa vitesse acquise ; alors quand elle sera redescendue à la même hauteur, si l'aube n'a avancé par le mouvement de la roue que d'un arc assez petit pour qu'il se confonde avec une ligne droite, elle aura repris la vitesse relative qu'elle avait en commençant à s'élever ; seulement cette vitesse aura changé de sens absolument comme si elle se fût retournée dans un canal en demi-cercle horizontal ; dès lors on appliquera toute la théorie précédente. Seulement il faut bien remarquer que pour être sûr qu'on a rempli la condition que l'aube n'ait décrit que le petit arc que forme le coursier qui emboîte la roue depuis l'instant où l'eau entre jusqu'à celui où l'on veut qu'elle sorte, il faut s'assurer <u>a priori</u> qu'en effet le temps de la montée et de la descente de l'eau sera tel qu'il le faut pour cela : c'est ce que nous allons faire approximativement. D'abord la condition du maximum d'effet dans ces roues étant $u = \frac{v}{2}$ comme dans toutes roues à aubes courbes, la vitesse relative d'ascension dans l'aube sera $v - \frac{v}{2}$ ou $\frac{v}{2}$, et en négligeant d'abord la force centrifuge, l'eau s'élèvera à la hauteur $\frac{1}{2g}\frac{v^2}{4}$. Ainsi les aubes courbes devront avoir cette hauteur.

On peut supposer pour avoir un minimum du temps d'élévation et de descente de l'eau que les aubes sont verticales. Ce temps de l'élévation et de la

descente

descente sera donc en négligeant la force centrifuge

$$t = 2\cdot\frac{\left(\frac{v}{2}\right)}{g} = \frac{v}{g}$$

or pendant ce temps les aubes de la roue ayant la vitesse $\frac{v}{2}$ auront parcouru un espace

$$\frac{v^2}{2g} \qquad \text{ou} \qquad H\ :$$

cette longueur devenant très grande quand H est grand, il s'en suit que l'eau ne sortirait des aubes que quand elles seraient bien au dessus du bas de la roue et de la sortie préparée. La théorie indiquée ci-dessus ne pourrait donc plus s'appliquer. Or comme l'eau ne s'élève pas verticalement mais suivant une courbe, le temps de l'élévation et de la descente de l'eau est plus grand que $\frac{v}{g}$ et le chemin parcouru dans le coursier par l'aube dans ce temps est plus grand que H. Si l'on tient compte de la force centrifuge, on aura alors très approximativement

$$t = \frac{v}{\varphi}$$

φ étant la force retardatrice. Ainsi le chemin horisontal décrit dans ce temps sera

$$x = \frac{v^2}{2\varphi}$$

la hauteur h à laquelle le fluide s'élève dans l'aube peut être déterminée par l'équation

$$\frac{1}{2}\,\frac{v^2}{4} = \varphi h$$

ainsi on a

$$x = 4h$$

h est déterminée par

$$\frac{v^2}{8} = \varphi h = gh + \frac{v^2 h}{4\left(R + \frac{h}{h^2}\right)}$$

R étant le rayon de la roue qui aboutit au haut de la hauteur. A cause de $v^2 = 2gH$ on tirera

$$h = \frac{1}{4}H\left\{\frac{1}{1+\frac{H}{2\left(R+\frac{4}{2}\right)}}\right\} \qquad \text{d'où} \qquad x = H\left\{\frac{1}{1+\frac{H}{2\left(R+\frac{4}{2}\right)}}\right\}\ ;$$

tel sera l'espace parcouru par l'aube tandis que l'eau s'élèverait et redescendrait, si l'on supposait que son mouvement fut seulement vertical.

Il faut employer des roues à très grand diamètre, de manière que la distance x soit parcourue par l'aube dans le coursier sans qu'elle cesse de pouvoir verser son eau à l'extrémité du coursier avant d'être trop relevée, puisque si elle l'était trop, on perdrait alors tout le travail employé à élever cette eau dans l'aube dont elle ne serait pas sortie à temps.

C'est probablement à cause du retard de la sortie de l'eau des aubes courbes, que pour les grandes chûtes on obtiendra bien moins de travail avec les roues de Poncelet. Il dit en effet dans son Cours que pour les chûtes qui approchent $2^m,00$ on a

$$T = 0,65\,pH$$

et pour les chûtes plus petites

$$T = 0,75\,pH$$

mais ces produits paraissent trop forts. Si l'on consulte les expériences et qu'on tienne compte de la portion de chûte employée à donner de la facilité à la sortie de l'eau de la roue, on a seulement d'après les expériences en grand de Mr. Poncelet pour des chûtes de 0,90 à 1,40

$$T = 0,58\,pH$$

pour de plus petites chûtes on pourrait avoir plus. Des expériences en grand n'ont donné pour une chûte de $0^m,70$ que

$$T = 0,64\,pH \;;$$

en définitive il ne faudrait pas compter moyennement que ces roues pussent donner plus de

$$T = 0,50\,pH \quad \text{à} \quad T = 0,60\,pH$$

H étant mesurée de la surface d'amont à la surface d'aval et encore faut-il que la chûte ne dépasse pas $2^m,00$.

Roues à palettes inclinées toujours planes mais plus étendues que la veine fluide.

Lorsque les palettes qui reçoivent l'action de la veine, sont plus larges et plus hautes que cette veine, c'est-à-dire qu'elles doivent forcer les filets fluides à devenir parallèles à leur plan avant de le quitter : alors on peut trouver par la théorie le travail recueilli par ces roues et les conditions du maximum de ce travail. Cette recherche ne doit être considérée que comme un complément de théorie, car pour la pratique, il n'y a jamais de raison d'incliner ainsi les palettes, puisqu'on perd une plus grande partie du travail du fluide que si on les disposait à angle droit.

Cherchons quel travail reçoivent les plans par le choc de l'eau. Pour le trouver, concevons d'abord un plan ayant une vitesse $\underline{u}$ perpendiculaire à son plan et recevant une veine fluide ayant une vitesse v. Soit dp le poids d'une molécule d'eau et p le poids de l'eau qui arrive sur le plan par seconde.

En faisant abstraction du frottement contre le plan même, le travail T qu'il recevra devra être égal à la perte de force vive de la veine fluide. Or si l'on appelle w la vitesse relative qu'a une molécule d'eau en quittant parallèlement à sa direction ; on aura pour la force vive absolue de l'eau qui quitte le plan

$$p\frac{u^2}{2g}+\int\frac{dpw^2}{2g}$$

pour celle de l'eau qui arrive sur le plan on a

$$p\frac{v^2}{2g}\quad;$$

enfin pour la force vive perdue par le mouvement sur le plan

$$\frac{p}{2g}\left(v^2+u^2-2uv\cos(\widehat{uv})\right)-\int\frac{dpw^2}{2g}$$

ainsi on aura

$$T=p\frac{v^2}{2g}-p\frac{u^2}{2g}-\int\frac{dpw^2}{2g}-\left\{\frac{p}{2g}\left(v^2+u^2-2uv\cos(\widehat{uv})\right)-\int\frac{dpw^2}{2g}\right\}$$

ou bien

$$T=\frac{u}{g}\left(v\cos uv-u\right)\ .$$

Ainsi on voit que le travail a la même expression que pour un vase fermé se mouvant comme le plan ; la force vive conservée dans le sens du plan quand le fluide le quitte est aussi bien perdue pour le travail transmis que s'il y avait un choc complet dans un vase fermé. Le maximum de T répondra à $u=\frac{v\cos\widehat{uv}}{2}$ comme pour le cas de ce vase fermé. Si le plan au lieu d'avoir eu une vitesse u dans le sens de la normale avait eu une vitesse u inclinée faisant un angle $\widehat{uN}$ avec la normale il aurait suffi pour ramener au cas précédent de détruire la composante de la vitesse u parallèle au plan, c'est-à-dire $u\sin(\widehat{uN})$, en communiquant un mouvement commun parallèle au plan. Alors au lieu de la vitesse u de la formule précédente on aurait eu la seule composante $u\cos(\widehat{uN})$ et au lieu de l'angle $\widehat{vu}$ l'angle $\widehat{vN}$; ainsi on aurait donc

$$T=p\,\frac{u\cos\widehat{uN}}{g}\left(v\cos(\widehat{vN})-u\cos\widehat{uN}\right)$$

p étant le poids d'eau que reçoit le plan dans une seconde.

Or si au lieu d'un plan il y en a une succession, comme cela arrive dans une roue à palettes, alors il faudra pour avoir la totalité du travail qu'elle a reçu prendre pour p la quantité totale d'eau qui a choqué les palettes, c'est-à-dire celle que fournit l'orifice d'où sort la veine.

On rendra cette expression un maximum en prenant

$$u\cos(\widehat{uN})=\frac{v\cos vN}{2}$$

cela ayant lieu, on a

$$T=\frac{1}{2}\cdot\frac{p}{2g}\,v^2\cos^2(\widehat{vN})\ .$$

Cette expression pour être un maximum par rapport à l'angle $(\widehat{vN})$ exige que cet angle soit droit et l'on a

$$T=\frac{1}{2}\,\frac{pv^2}{2g}=\frac{1}{2}\,pH$$

on peut compter dans la pratique

$$T = \frac{2}{3} \cdot \frac{p}{g}\, u\cos(\widehat{uN}) \left\{ v\cos(\widehat{vN}) - u\cos(\widehat{uN}) \right\}$$

et au maximum

$$T = \frac{1}{3}\, pH \quad ,$$

si les aubes sont légèrement concaves on peut poser

$$T = 0,35\, pH \quad .$$

Ces roues ont l'avantage de pouvoir tourner plus vite en remplissant les conditions du maximum d'effet ; puisque si $\cos(\widehat{uN})$ est petit pour qu'on ait

$$u\cos(\widehat{uN}) = \frac{v\cos(\widehat{vN})}{2}$$

il faut que u soit grand ; cela a l'avantage de dispenser d'engrènage dans certains cas.

Il faut avoir soin que l'eau de la veine soit bien en effet reçue par les aubes ; autrement le produit diminuerait beaucoup. On peut pour éviter les pertes d'eau, emboîter les aubes entre deux cylindres verticaux, l'un tenant à la roue à l'intérieur, et l'autre fixe formant coursier à l'extérieur ; alors l'eau coule sur les aubes dans le sens des cylindres. Il faut que le bas des aubes ne plongent pas trop dans le bief inférieur pour que l'eau puisse se dégager des aubes.

La formule précédente qui donne la valeur du travail T transmis au plan qui reçoit un poids p de fluide, peut donner la pression que supporte le plan perpendiculairement à sa direction si l'on néglige les frottements contre ce plan.

En effet le poids p de fluide reçu par le plan pendant la durée d'une seconde ne dépendra que de la vitesse v de la veine, et de la composante $u\cos\widehat{uN}$ de la vitesse du plan dans le sens de la normale : il est facile de voir qu'ainsi il sera égal à

$$a\left(v - \frac{u\cos\widehat{uN}}{\cos\widehat{vN}}\right)$$

ainsi on aura

$$T = \frac{a}{g}\left(v\cos\widehat{vN} - u\cos\widehat{uN}\right)^2 \frac{u\cos\widehat{uN}}{\cos vN} \quad .$$

Mais si P désigne la pression normale au plan, on aura en négligeant les frottements contre ce plan

$$T = P u\cos\widehat{uN}$$

ainsi en égalant les valeurs de T on tirera

$$P = \frac{a}{g}\, \frac{(v\cos\widehat{vN} - u\cos uN)^2}{\cos(\widehat{vN})} \quad ;$$

si le plan devient immobile, ce qui donne le cas du choc d'une veine oblique

contre un

contre un plan fixe ; on a

$$P = \alpha \frac{v^2}{2g} \cdot 2\cos(\widehat{vN}) \quad ;$$

si au lieu de cette pression contre un plan, on voulait la force F moyenne qui a lieu sur la roue ; il faudrait laisser le poids p constant au lieu de mettre la valeur précédente et ensuite diviser le travail T par la vitesse u ce qui donnerait

$$F = \frac{p}{g} \cos(\widehat{uN}) \left(v\cos vN - u\cos uN\right) \quad .$$

Des Roues à palettes dans un courant indéfini.

Lorsque le courant est plus large que les palettes et que tous les filets du courant ne sont plus forcés de se dévier jusqu'à devenir parallèles au plan, alors il n'y a plus de théorie exacte à établir, par la marche que nous avons suivie dans ce qui précède. En effet on ne pourrait avoir le travail transmis dans ce cas qu'en connaissant tous les angles que font avec la vitesse du courant les différents filets après leur passage devant les palettes, et qu'en ayant encore la valeur de la vitesse relative w qu'ils conservent alors. Or ces deux éléments sont tout-à-fait inconnus, outre que même on ne sait pas quelles parties du courant il faut prendre pour l'ensemble des filets déviés par la présence du plan. Néanmoins on ne peut se refuser à admettre que la quantité de ces filets déviés ne soit proportionnelle à l'aire α de la palette plongée dans le courant, ou plutôt à la section verticale faite dans un cylindre horisontal parallèle au courant et circonscrit à la palette, comme il le serait à tout autre corps plongé.

Si l'on admet que la forme des courbes de déviation des filets ne change pas sensiblement avec les vitesses, soit du courant, soit des palettes ; il en résulte que le travail transmis par chaque filet aura en facteur commun le produit

$$\frac{dp}{g} u (v-u)$$

dp étant le poids de l'eau que le filet fait passer devant les palettes. Pour tous les filets déviés, on aura dans p un facteur αv, et le travail transmis sera proportionnel à

$$\alpha v u (v-u) \; ;$$

on pourra donc le représenter par

$$T = k\alpha \frac{vu}{2g} (v-u) \quad ;$$

et la pression moyenne P dans le sens perpendiculaire au rayon de la roue devant être $\frac{T}{u}$ sera

$$P = k \frac{\alpha v}{2g} (v-u) \quad ;$$

en observant le travail recueilli par ces roues, Mr. Poncelet a vérifié l'exactitude de ces formules en prenant k entre 1,00 et 1,20. C. 11.

Quant à la composante horisontale des résistances, elle doit être plus petite que la force P, car celle-ci déterminée par expérience se compose en partie d'actions obliques qui agissent normalement aux palettes lorsque celles-ci ne sont plus verticales. Le cœfficient k doit donc être plus petit pour cette composante horisontale que pour la résistance P tangentielle à la roue. Si donc en prenant k = 1 pour cette dernière, on pose

$$P = \frac{\alpha v}{2g}(v - u)$$

on devra prendre pour la composante horisontale X

$$X = \mathscr{C}\frac{\alpha v}{2g}(v - u)$$

le cœfficient $\mathscr{C}$ étant plus petit que l'unité.

On pourrait arriver par une autre considération à l'expression de la résistance que les palettes éprouvent en se mouvant dans le fluide : il faudrait pour cela prendre d'abord le cas où un corps se meut avec une vîtesse u dans un canal ou tuyau, où le fluide a une vîtesse v.

Soit A la section du tuyau et α celle du corps dans le sens perpendiculaire au mouvement : nous supposerons que le corps occupant toute la hauteur du canal le fluide se dévie par les côtés.

Si d'abord le fluide est en repos et que le corps seul se meuve avec la vîtesse u', la résistance sera la même que si le fluide avait cette vîtesse u' et que le corps fut en repos, alors la vîtesse moyenne sur les côtés du corps sera

$$\frac{u'A}{A - \alpha} :$$

ainsi si le fluide était immobile et que le corps seul marchât la vîtesse moyenne du fluide sur les côtés serait

$$u'\left\{\frac{A}{A - \alpha} - 1\right\} = u' \cdot \frac{\alpha}{A - \alpha} \quad ,$$

la force vive due à cette vîtesse moyenne quand ce sera le corps qui se mouvera sera

$$\frac{u'^2}{2g}\frac{\alpha^2}{(A - \alpha)^2} \cdot Au' ,$$

et par conséquent la résistance sera

$$\frac{A\alpha}{(A - \alpha)^2} \cdot \frac{\alpha u'^2}{2g} :$$

si le corps a la vîtesse u et le fluide la vîtesse v la résistance sera toujours

$$\frac{A\alpha}{(A - \alpha)^2} \cdot \frac{\alpha (v - u)^2}{2g}$$

ou en posant $A - \alpha = \alpha x$

$$\frac{1 + x}{x^2}\frac{\alpha (v - u)^2}{2g} \quad .$$

Pour

Pour $x = 2$ la fraction $\frac{1+x}{x^2}$ est $\frac{3}{4}$; ce serait à peu près la résistance, en admettant ainsi que l'accroissement de vitesse autour du corps dans un courant est limité à $A - \alpha = 2\alpha$.

En partant de la formule

$$T = k \frac{\alpha v u}{2g}(v-u)$$

on reconnait théoriquement qu'en prenant $k = 1,00$ et $u = \frac{v}{2}$ on aurait

$$T = 0,25\,\alpha v \cdot \frac{v^2}{2g}$$

Suivant une expérience de Mr. Christian, on a

$$T = 0,23\,\alpha v \cdot \frac{v^2}{2g}$$

Suivant Mr. Poncelet, les palettes ayant 0,88 de large sur 0,40 de hauteur et étant emboîtées de manière à ne plus laisser qu'un jeu de 0,04 autour ; on a

$$T = 0,34\,\alpha v \cdot \frac{v^2}{2g}$$

mais ce cas rentre bien plutôt dans celui des roues à vases fermés, puisque les palettes sont presque emboîtées.

Application de la théorie des roues à palettes au mouvement des bâtiments à vapeur.

L'uniformité du mouvement du vaisseau exige l'égalité entre les deux forces l'une de résistance contre la proue, l'autre contre les palettes. Désignons par

- v la vitesse du vaisseau ;
- u la vitesse relative des palettes ;
- A la section du vaisseau ;
- A_1 cette section réduite de manière que $A_1 \frac{v^2}{2g}$ soit l'expression de la résistance ;
- α la surface plongeante des palettes de manière que $\frac{\alpha v}{2g}(v-u)$ soit la résistance tangentielle à la roue que les palettes éprouvent pendant leur mouvement.

La force horisontale qui est due au mouvement des palettes sera

$$C \frac{\alpha v}{2g}(u-v)$$

C étant un coëfficient de réduction qui exprime le rapport entre cette force horisontale et la force tangentielle qui est $\frac{\alpha v}{2g}(u-v)$.

L'uniformité du mouvement entraînera donc qu'on ait

$$A_1 \frac{v^2}{2g} = C \frac{\alpha v}{2g}(u-v)$$

ce qui donne

$$A_1 v = C\alpha(u-v)$$

ou bien

ou bien

$$\frac{u}{v}=\frac{A_1+ba}{ba}\ .$$

Cette équation établit un rapport entre la vitesse u des palettes et la vitesse v du bateau.

Le travail dépensé par la machine à vapeur sur l'arbre des roues à palettes déduction faite des frottements sur les tourillons sera

$$T=\frac{av(u-v)u}{2g}=\frac{A_1 v^2}{b2g}\cdot u$$

mettant pour u sa valeur en fonction de v, on aura

$$T=\frac{A_1 v^3}{b2g}\left(\frac{A_1+ba}{ba}\right)$$

ainsi la machine étant de la force de N chevaux, on a

$$T=N\times 0{,}075$$

ainsi on aura

$$N\times 0{,}075=\frac{A_1 v^3}{2g}\left(\frac{A+ba}{ba}\right)$$

d'où

$$v=\sqrt[3]{\frac{2g\cdot N\cdot 0{,}075\cdot b^2 a}{A_1(A_1+ba)}}$$

on aura ainsi la vitesse du bateau en fonction de la force de la machine.

Cherchons cette vitesse en fonction de la tension de la vapeur et des dimensions de la machine. savoir; la section du cylindre, la course du piston et le diamètre des roues à palettes sans nous inquiéter de sa force et par suite de la dépense en combustible qui sera ainsi une conséquence de ces dimensions et de la vitesse du bateau. Posons

- D le diamètre des roues à palettes; c'est-à-dire le double de la distance du centre de la roue à palettes au point milieu de la partie plongeante des palettes; point dont la vitesse relative est représentée par u dans les calculs précédents;
- C la course du piston;
- h la pression de la vapeur dans le cylindre exprimée en colonne d'eau;

la vitesse moyenne du piston sera $u\cdot\frac{C}{\pi R}$.

Ainsi on aura en désignant par α le coefficient de réduction adopté pour les machines à vapeur sans détente lorsqu'on ne tient pas compte de la pression dans le condenseur

$$T=\frac{\alpha\pi d^2 C u h}{2\cdot\pi D}$$

et comme d'autre part on a aussi

$$T=\frac{A_1 v^2}{b2g}u$$

il viendra

$$A_1\frac{v^2}{2g}=\frac{b\alpha d^2 h C}{2D}$$

d'où

d'où

$$v = \sqrt{\frac{g\alpha b d^2 \cdot h \cdot C}{l A_1}} .$$

Si B désigne le rectangle circonscrit à la partie A plongeante du bateau, on a à peu près

$$B = \frac{3}{2} A \qquad \text{et} \qquad A_1 = 0,16 A$$

ainsi

$$A_1 = 0,10 B .$$

On a de plus ordinairement en comprenant dans α la perte par la pression dans le condenseur $\alpha = 0,50$, ainsi on aura $\alpha b = 0,40$ et

$$v = \sqrt{\frac{9,81 \times 0,40}{0,10}} \sqrt{\frac{d^2 h C}{l \cdot B}}$$

ou

$$v = 6^{m},26 \sqrt{\frac{d^2 h C}{l B}} ;$$

si la hauteur h eût été exprimée en colonne de mercure, on aurait dû mettre alors $13,56 h$ au lieu de h ce qui eût donné

$$v = 23^{m},04 \sqrt{\frac{d^2 h \cdot C}{l B}} ,$$

le coëfficient 23^{m} est effectivement celui que Marestier a trouvé par expérience en partant des données d, hC, D et B.

Des Machines

Des Machines à vapeur.

De l'emploi de la Chaleur dans les Machines à vapeur

On doit considérer dans les Machines à vapeur ;

1° les moyens de retirer le plus de chaleur des combustibles et les moyens de faire le plus de vapeur en brûlant une certaine quantité de combustible.

2° les circonstances physiques qui influent sur le travail à recueillir de la vapeur formée, et les moyens d'avoir en définitive le plus de travail pour une dépense donnée de combustible.

3° l'étude de la machine propre à recueillir le travail produit par la vapeur.

Nous allons nous occuper d'abord de la combustion.

Voici un Tableau se rapportant à la quantité de chaleur produite par différents combustibles :

	Degrés de chaleur	eau épuisée avec toute la chaleur	air décomposé
Bois ordinaire un peu humide	2600°	4^k,00	3$^{m.c}$,44
Bois sec	3500	5,38	4,58
Charbon de bois	7500	11,54	8,82
Houille ordinaire { de	6000	9,23	9,66
Houille ordinaire { à	7000	10,77	
Coke	6500	10,00	8,82

D'après le prix de ces combustibles à Paris, le prix de 1000 degrés de chaleur est ;

pour la houille .... 0^f,009
pour le coke 0,015
pour le bois 0,012
pour le charbon de bois 0,025

La quantité d'air qui doit passer est à peu près le double de celle qui est absorbée, elle peut se réduire au $\frac{3}{2}$ et au $\frac{4}{3}$ quand le tirage est très fort ; ceci s'entend des foyers des Machines. La quantité de chaleur réellement produite dépend de l'activité de la combustion ; et celle qu'absorbe la chaudière, du refroidissement suffisant de l'air chaud.

Le tirage est essentiel à l'activité de la combustion, et celle-ci à la chaleur dégagée ; car sans cette activité les gaz ne sont pas tous brûlés et se perdent.

L'activité de la combustion dépend du tirage. Il faut étudier ce mouvement de l'air.

Le tirage dépend,

1° de la hauteur de la cheminée ;

2° de la température moyenne de la cheminée ;

3° du diamètre de la cheminée et des sections d'entrée et de sortie de l'air.

Si l'on considère le mouvement de l'air dans un canal cylindrique dont D est le diamètre, h la longueur verticale, et t' la température ; celle de l'air extérieur étant t, on aura pour la diminution de poids du mètre cube d'air, π étant le poids à zero, a la section et $\alpha = 0,00375$

$$\pi \frac{\alpha(t'-t)ha}{1+\alpha(t'+t)} .$$

Mais le mouvement continuant, la pression en bas sera diminuée de celle qui produirait la vitesse qui s'établira dans la cheminée.

Si u est cette vitesse, P la pression atmosphérique, et P' celle qui a lieu à l'entrée de la cheminée, on aura

$$P-P' = \left(\frac{\pi}{(1+\alpha t')}\frac{u^2}{2g}\right)a .$$

La résistance due au frottement dans la cheminée est en représentant par L la longueur totale du canal

$$\frac{4\mathcal{b}\cdot L u^2 a}{g(1+\alpha t')D}\pi .$$

L'équation du mouvement de l'air sera l'égalité entre ces forces ; on aura en ôtant les facteurs communs a et π

$$\frac{\alpha(t'-t)h}{1+\alpha(t'-t)} - \frac{u^2}{2g(1+\alpha t')} = \frac{8\mathcal{b} L u^2}{2g(1+\alpha t')D}$$

d'où

$$u^2 = \frac{2g\alpha(t'-t)h(1+\alpha t')D}{8\mathcal{b}L+D}\,\frac{1}{(1+\alpha(t'-t))}$$

ou

$$u = \sqrt{\frac{2g\alpha(t'-t)D(1+\alpha t')}{(8\mathcal{b}L+D)(1+\alpha(t'-t))}} .$$

On peut négliger la fraction $\frac{1+\alpha t'}{1+\alpha t'+\alpha t}$, alors on a

$$u = \sqrt{\frac{2g\alpha(t'-t)Dh}{8\mathcal{b}L+D}} .$$

La vitesse qu'on appelle théorique est

$$\sqrt{2g\alpha h(t'-t)}$$

on doit la multiplier par

$$\frac{1}{\sqrt{8\mathcal{b}}}\sqrt{\frac{D}{L+\frac{D}{8\mathcal{b}}}} ,$$

et poser

et poser

$$u = \frac{1}{\sqrt{8b}} \sqrt{\frac{D}{L + \frac{D}{8b}}} \sqrt{2g\alpha h(t'-t)} .$$

Cette formule réduite en nombre et transformée par M. Péclet paraît s'accorder bien avec les expériences : il a trouvé

pour la Brique .. $u = 2,06 \sqrt{\frac{D}{L+4D} 2g\alpha h(t'-t)}$

pour la Tôle ...... $u = 3,25 \sqrt{\frac{D}{L+10D} 2g\alpha h(t'-t)}$

pour la Fonte .... $u = 4,61 \sqrt{\frac{D}{L+20D} 2g\alpha h(t'-t)}$,

ce qui donne pour { la Brique .... $b = 0,031$
la Tôle .... $b = 0,012$
la Fonte .... $b = 0,006$

D'après les expériences de M. D'Aubuisson et de M. Girard, ce coëfficient b ne serait pour les petits conduits que de 0,00324. Les températures moyennes dans les cheminées varient de 50° à 250° pour les foyers ordinaires ; pour les foyers à vapeur, on peut compter sur 400° environ.

Si les cheminées s'élargissent dans le conduit, après un passage plus étroit à la sortie du foyer, on augmente le tirage, puisque D augmente ; mais pas proportionnellement à $\sqrt{D}$, parce qu'il y a perte de force vive au passage de l'orifice rétréci.

On ne donne guère aux cheminées plus de 10 mètres de hauteur ; un surplus de hauteur a trop peu d'influence : il paraît que l'air est alors trop refroidi dans les parties supérieures. Pour utiliser la chaleur, il faut tâcher de refroidir l'air avant de le lâcher ; mais aussi, par cela même, on diminue le tirage. Aussi dans le cas où l'on emploie l'air chaud dans son trajet à chauffer de l'eau à une basse température, et où il sort assez froid, on est forcé d'opérer le tirage par des moyens mécaniques : cela se fait dans quelques localités par des soufflets ou des ventilateurs.

Il est important pour bien brûler les gaz de produire un tirage suffisant, et d'avoir une température suffisante ; car sans cela les gaz ne s'enflammeraient pas, et se volatiliseraient sans donner toute la chaleur qu'on pourrait obtenir. Pour cela il faut éviter de trop refroidir tout près du foyer : on est obligé de mettre un intervalle entre le foyer et la chaudière.

On met de 0m,30 à 0m,40 entre la grille et la chaudière. S'il y avait moins, la chaudière éteindrait la flamme, et les gaz s'en iraient sans être brûlés.

On n'a pas remarqué qu'il y eût une grandeur de grille bien déterminée. On peut les varier. Ce qu'il importe à la consommation c'est le tirage qui résulte de la cheminée. Cependant avec un mètre quarré de grille on peut brûler 80 kos par heure au maximum.

Il faut que le charbon soit assez menu, et pas trop, sans quoi l'air ne passerait plus. Quand le charbon est un peu menu, on peut ne mettre que 0,050 d'épaisseur de houille ; mais on porte quelquefois cette épaisseur à 0,10^c.

Dans les fourneaux à réverbère, lesquels ne sont pas destinés aux machines à vapeur, mais à la fonte des métaux, on met de 0,20 à 0,30 d'épaisseur de houille.

Une grille qui aurait un mètre de largeur serait formée de barreaux ayant 0,10 de hauteur et 0,04 d'épaisseur. Les barres sont isolées, posées les unes à côté des autres sur deux traverses en fonte. Il faut que les vides soient le quart ou le tiers de la surface totale. Pour que la grille ne brûle pas, il faut qu'il y ait de 0,60 à 0,70 entre la grille et le fond qui reçoit les cendres. On a soin de charger devant et de repousser le Coke formé par derrière : celui-ci ne dégage plus tant de gaz, et il brûle le gaz qui vient du devant.

Pour utiliser la chaleur le plus possible, on fait parcourir à l'air chaud qui vient du foyer des circuits appelés carneaux : ces circuits enveloppent la chaudière, ou même la traversent dans sa longueur. La longueur de ces circuits augmente la résistance au mouvement de l'air et diminue le tirage. Il faut, pour compenser, élargir un peu la cheminée, et l'élever autant que possible à 10 mètres.

On laisse devant la grille une place pour mettre le charbon, afin qu'il se sèche d'abord avant d'arriver sur le foyer, pour ne pas faire trop de fumée.

Le tirage par des moyens mécaniques s'emploie aussi : un homme peut en tournant un ventilateur faire brûler 35 kilos par heure, c'est-à-dire, ce qu'il faut pour 7 chevaux. Or, l'homme n'est que le $\frac{1}{10}$ d'un cheval, ainsi, il ne dépense que le $\frac{1}{70}$ environ du travail de la machine. Calculons le travail directement, en supposant que la grille ait un mètre quarré. On brûlerait alors 80^{kilos} par heure, il faudrait donc 1600 mètres cubes d'air qui pèseraient 2080^{kilos} : cet air doit passer par les vides qui sont le quart de la grille, mais ici pour tenir compte des étranglements, on les portera au $\frac{1}{5}$ ou à 0,20 : comme le cube qui passe par seconde est 0,44, la vitesse doit être de 2,50 à zero degré, et à 400° elle est de 8,00. La résistance par le frottement dans la cheminée que nous supposerons avoir même section que la grille sera $\frac{4bL.u^2\alpha}{g(1+\alpha)D}$, le travail consommé sera $\frac{4bu^3\alpha L}{gD(1+\alpha t')} + \frac{u^3}{2g} \times 0^k,57$; si $L = 20^m$, $\alpha = 0,20$, $D = 0,50$ il devient $11^k,25$: ainsi, pour 80 k^os ou 16 chevaux, on ne dépenserait pas le $\frac{1}{96}$ du travail.

Chaudières.

On compte que chaque mètre quarré de surface de chauffe, y compris celle qui touche les carneaux, peut donner 30 à 40 k^os de vapeur par heure ; on pourrait compter 60 pour les parties plus près qui reçoivent le rayonnement du foyer, et 20 pour celles qui sont plus éloignées, et qui n'ont pas de rayonnement, comme les parties qui donnent dans les carneaux latéraux ou extérieurs.

Les chaudières de Watt à basse pression jusqu'à $1\frac{1}{2}$ atmosphère, ont une section anguleuse, mais cette forme ne résisterait pas à 2 atmosphères : à partir de cette pression, on fait des chaudières cylindriques terminées par deux demi-sphères.

Les chaudières à tête plate pour les basses pressions se soutiennent par des traverses en fer forgé; les arêtes se font aussi en fonte, on y perce des trous pour recevoir les rivets, à chaud pour les hautes pressions et à froid pour les basses pressions. On fait ces chaudières en tôle ou en cuivre; celui-ci est plus cher, mais dure plus. Une chaudière en tôle se perd quelquefois entièrement en deux années.

Dans la chaudière de Watt, ordinairement l'air chaud va d'abord au bout, puis il tourne tout autour de la chaudière, et revient au bout, pour s'élever dans la cheminée. Les carneaux doivent ne s'élever que jusqu'à la hauteur de l'eau dans la chaudière, autrement la chaudière rougirait et brûlerait.

On a souvent des carneaux intérieurs. Les Ordonnances laissent les mêmes épaisseurs qu'aux chaudières; ils devraient en avoir bien plus, puisque la pression agit pour déformer du dehors au dedans; tandis que pour la chaudière elle agit sans déformer du dedans au dehors.

Dans la chaudière à basse pression, on met quelquefois une soupape qui peut s'ouvrir par la pression extérieure; dans le cas où le feu se refroidissant, il y aurait diminution de pression au dessous de la pression atmosphérique.

Pour les chaudières à haute pression on adapte en dessous, des tubes cylindriques appelés <u>bouilleurs</u>; ils ont environ 0,30 de diamètre: on en met ordinairement deux à côté l'un de l'autre; ils communiquent à la chaudière principale par deux tubes verticaux: l'eau chaude monte par l'un, l'eau plus froide descend par l'autre. La plaque de tête du devant fermant le bouilleur est en fonte très épaisse; on met cette plaque devant pour se ménager la facilité de l'enlever et de nétoyer: derrière on termine en demi-sphère.

Quelquefois on fait les tubes verticaux de communication en fonte; alors on cimente les joints avec de la limaille bien décapée et du sel d'Ammoniaque (hydrochlorate d'Ammoniaque).

Quelquefois on met les foyers dans la chaudière même, en formant des chaudières de deux cylindres concentriques. Mr. Séguier a fait des chaudières ayant des tubes bouilleurs inclinés et disposés en échelle descendante dans une cheminée descendante aussi, de manière que l'eau chaude qui revient en haut soit au dessus du foyer, et l'eau moins chaude au dessus de l'extrémité du conduit par où passe l'air chaud avant d'arriver dans la cheminée.

On donne aux chaudières un volume de 36 à 45 fois celui du cylindre; l'eau occupe les deux tiers et la vapeur l'autre tiers, c'est-à-dire environ 12 à 15 fois le volume du cylindre, ou la dépense de vapeur à chaque coup de piston.

Régulateur du feu dans les Machines à basse pression.

On fait monter l'eau de la chaudière dans un tube à l'air libre qui part du fond et où l'eau s'élève à la hauteur due à l'excès de la pression sur celle de l'atmosphère. Quand cette eau s'élève un peu trop, elle vient toucher un contre-poids qui est en équilibre avec une plaque appelée régistre, qui peut fermer en partie le carneau à l'entrée de la cheminée ; cela gêne le mouvement de l'air et diminue le tirage.

Régulateur du niveau d'eau.

On met un flotteur en pierre qui est équilibré, il faut mouvoir une soupape qui s'ouvre au fond d'un réservoir d'eau chaude arrivant de la pompe d'eau chaude de la machine. Ce réservoir est placé au haut du tube où est le contrepoids qui fait marcher la plaque appelé registre. La tige αc est guidée en passant par un trou qu'on perce dans une traverse horizontale qui forme soutien dans la chaudière.

Si l'on ne veut pas faire de boîte à étoupe, on peut faire un flotteur annulaire, puis mettre au centre un tube où l'eau est libre de s'élever : ce tube plonge jusqu'au fond ; dedans s'élève la tige qui porte le flotteur annulaire par des liens de, de.

Dans quelques Machines à haute pression l'appareil alimentaire procède en sens contraire, l'eau arrive toujours dans la chaudière ; excepté quand elle dépasse une certaine hauteur : alors le flotteur A se relève, ferme la soupape B et ouvre la soupape C, par où l'eau fournie par la pompe d'eau chaude retourne dans le réservoir ou s'échappe simplement.

Moyen de voir où est l'eau dans la chaudière.

1° On a pour cela un tube extérieur avec une partie en verre : ce tube est placé dans deux tubulures avec robinets, comme on le voit dans la figure ....

....

2° On a aussi deux tubes verticaux ayant des robinets hors de la chaudière ; l'un A projette de l'eau si l'on ouvre le robinet, l'autre B projette de la vapeur : si l'eau est trop basse, A projette la vapeur, et si l'eau est trop haute B projette de l'eau. On a mis aussi un tube C avec un tuyau d'orgue qui ne donne un son que quand c'est la vapeur qui sort. Le tube est assez élevé pour que l'eau y monte sans sortir.

Moyen d'éviter les dépôts dans la chaudière.

Dans les machines sur terre, on a mis des morceaux de pomme de terre qui prennent les dépôts de substances salines ; on enlève ensuite les pommes de terre de temps en temps.

Sur mer, comme on emploie de l'eau salée qui dépose bien plus, on envoie dans la chaudière trois fois autant d'eau qu'il en faut ; et l'eau qui s'en va emporte les sels, et empêche l'eau qui reste de se saturer.

Appareils de sûreté.

Il est bon qu'il y ait un thermomètre gradué en pressions ; on le met dans un tube de fer lequel contient du mercure ; ce tube est plongé dans la vapeur.

le tube de fer garantit le thermomètre des effets de la pression.

On doit mettre dans les Machines à basse pression ;

Ordonnance du 25 Mars 1830. { un Ménomètre à air libre, le tube étant coupé à la hauteur d'une atmosphère en dessus de la pression de la vapeur.

Dans les Machines à haute pression on met un ménomètre à air comprimé gradué en atmosphère.

Il faut remarquer que si le mercure se chauffe un peu, il s'oxide ; l'air est décomposé ; et le ménomètre devient inexact ; il accuse une pression trop forte.

Il faut graduer le ménomètre à air renfermé en ayant égard à la température, qui est difficile : on corrige ses indications prises pour 10 degrés, en diminuant la pression dans les rapports $(1+\alpha t)$ à $(1+10\alpha)$; α étant 0,00375.

On fait aussi des ménomètres à cuvette pour empêcher que par une diminution de pression le mercure ne soit aspiré hors du ménomètre vers la chaudière.

Si la pression dans la chaudière cessait et devenait moindre que la pression atmosphérique, alors la colonne de mercure redescendrait dans la cuvette sans que le niveau du mercure dans celle-ci s'élevât au dessus de l'entrée du tube qui amène la vapeur. Il faut aussi que la cuvette soit assez profonde pour que jamais l'air du tube ne sorte.

On peut encore prendre deux branches assez longues, mais alors la graduation n'est pas facile : il faut tenir compte du poids du mercure qui presse tantôt la vapeur, tantôt l'air.

On peut encore employer un tube capillaire, et une seule bulle de mercure qui sépare la vapeur de l'air comprimé. Il faut toujours dans les ménomètres faire la correction de la température.

Enfin on fait des indicateurs de pression où l'on emploie un ressort au lieu d'avoir l'air comprimé ; alors la vapeur agit sur un piston dans un petit cylindre : le piston porte une tige qui marque avec une pointe sur une échelle le degré de pression : on ne les fait jouer qu'en ouvrant, quand on le veut, un robinet.

Mesures de sûreté contre les explosions.

Formalités pour établissements.

Ordonnance du 25 Mars 1830, renvoi au Décret de 1810.

Les Machines à basse pression n'atteignant pas 2 atmosphères n'ont besoin que de l'Arrêté du sous-Préfet, sur l'avis du Maire, ou à Paris de l'autorisation du Préfet de Police. S'il y a des réclamations contre l'Arrêté du Préfet, le Conseil de Préfecture statue.

Les machines à haute pression, c'est-à-dire dépassant 2 atmosphères, exigent l'information d'enquête. Le Préfet statue, sauf recours au Conseil d'Etat. S'il y a opposition, c'est le Conseil de Préfecture qui statue, sauf aussi recours au Conseil d'Etat.

Situation des localités.

Ordonnance du 29 Octobre 1823.

Les chaudières à haute pression doivent être dans un local de 27 fois leur cube.

Il y aura de larges croisées des deux côtés avec de légers chassis ouvrant en dehors.

La chaudière devra être séparée d'un mur mitoyen, ou d'un mur d'un atelier intérieur, par un mur de un mètre d'épaisseur, lequel sera à au moins deux mètres de la chaudière.

Il n'y aura pas d'habitation au dessus de la chaudière.

Essais pour la pression.

Ordonnances du 25 Mars 1830, et du 7 Mai 1828.

Les chaudières en fonte à basse ou haute pression doivent être essayées à une pression quintuple; celles en tôle ou en cuivre à une pression triple de celle à laquelle elles doivent être soumises; cette pression est évaluée en déduisant la pression atmosphérique extérieure de celle qui aura lieu dans l'intérieur, laquelle constitue le chiffre du timbre. Pour faire l'épreuve, on ferme les soupapes et l'on introduit de l'eau avec la presse hydraulique jusqu'à ce que les soupapes, à la pression d'épreuve, commencent à se lever: les tubes bouilleurs sont essayés et timbrés comme les chaudières.

Les chaudières en tôle ne devraient pas avoir plus de 0,014 d'épaisseur (construction), et moins de 0,0045.

Ordonnance du 25 Mai 1828.

Sur les bateaux, il ne peut y avoir ni chaudière en fonte, ni bouilleurs en fonte.

Epaisseurs.

Instruction du 7 Mai 1828.

On détermine l'épaisseur des chaudières par la formule

$$e = 1,80 \times d \times p + 3$$

elle exprime en millimètres l'épaisseur.

d étant le diamètre exprimé en mètres et p la pression effective en atmosphères.

Quand une chaudière n'a pas l'épaisseur voulue on ne l'essaye même pas.

Si l'on compare à la tension, on trouvera, en appelant t et l'exprimant en Kilog.^{s} pour un mètre de largeur de tôle

$$t = \frac{d}{2} \times 1^{k},033 \times p \times 10000 ,$$

Donc par millimètre de largeur de tôle elle sera

$$t' = 5^k,15 \times d \times p$$

or, si R' est le nombre de Kilog. qu'on peut faire supporter à la tôle par millimètre quarré on aura

$$t = e \times R' \qquad \text{D'où} \qquad 1,80 \times d \times pR' = 5,15 \times d \times p$$

d'où

$$R' = \frac{5,15}{1,80} = 2^k,83\ .$$

Ainsi on a calculé sur $2^k,83$ par millimètre quarré pour la résistance, en y ajoutant 3 millimètres pour le soutien de la tôle.

Ces épaisseurs sont indiquées par instruction.

Soupapes de Sûreté.

Ordonnances du 25 Mars 1830 et du 29 Octobre 1823.

Il doit y avoir deux soupapes de sûreté de diamètres égaux; l'une recouverte d'une grille fermée à clef. Le diamètre est déterminé par instruction ministérielle, par la formule

$$d = 1,30\sqrt{\frac{C}{p-0,412}} \quad \text{et en mètres} = 0,013\sqrt{\frac{C}{p-0,412}}\ ,$$

d est en centimètres le diamètre de la soupape, C la surface de chauffe, p la pression en atmosphères telle qu'elle est timbrée, c'est-à-dire sans déduction de la pression atmosphérique.

Si la soupape comme c'est l'ordinaire ne s'ouvre pas entièrement, alors on lui donne un diamètre double;

$$d = 2,6\sqrt{\frac{C}{p-0,412}} \quad \text{et en mètres} = 0,026\sqrt{\frac{C}{p-0,412}}$$

on ne diminue rien pour des pressions $p > 6$.

Ordonnance du 25 Mars 1830.

Les soupapes pour les chaudières à basse pression doivent être chargées directement, et sans intermédiaires; d'un poids à raison de $1^k,032$ par millimètre quarré; sans l'emploi d'un levier pour éviter les contestations et les fraudes;

Ordonnance du 29 Octobre 1823.

Les soupapes pour les chaudières à haute pression doivent être chargées d'autant de fois 1,033 par centimètre quarré qu'il y a d'atmosphères moins un dans la pression de la vapeur qui est marquée par leur timbre; on n'interdit pas l'emploi d'un levier. Le rebord faisant appui de la soupape ne doit pas dépasser le $\frac{1}{20}$ du diamètre; on ne le fait souvent que de 0,003 : il doit être bien rodé.

Rondelles fusibles.

Ordonnances du 29 Octobre 1823 et du 25 Mars 1830.

La rondelle fusible doit fondre pour la chaudière à basse pression à 127° centigrades, à la pression de $2\frac{1}{2}$ atmosphères. L'épaisseur des rondelles doit être d'au moins 0,015 (instruction).

La surface libre de la rondelle fusible, c'est-à-dire celle non couverte par la grille de soutien doit être 4 fois la surface des soupapes de sûreté, calculées dans le cas de l'ouverture entière. On essaye le métal des rondelles en le mettant dans l'huile et en examinant quand une tige chargée d'un poids commence à entrer dedans.

La surface libre de la rondelle est donnée par

$$\frac{\pi\,(0,0130)^2\,C}{p-0,412}.$$

Ordonnance du 29 Octobre 1823.

Dans les Machines à haute pression il doit y avoir deux rondelles fusibles ; l'une fondant à 10° au dessus de la température indiquée par la pression timbrée, l'autre à 20° en sus de la même température. La première rondelle a une surface libre, égale à celle de la soupape de sûreté : la deuxième a une surface libre 4 fois celle-là. Les rondelles doivent porter en timbre le degré centigrade où elles fondent.

Ordonnance du 25 Mars 1830.

La rondelle fusible, dans les machines à basse pression, doit être enfermée à clef, sous une grille, avec l'une des soupapes de sûreté. Dans les machines à haute pression la rondelle la moins fusible doit être aussi enfermée.

Il y a un nouveau projet d'Ordonnance générale sur les mesures de sûreté pour les chaudières : d'après ce projet les plaques fusibles seraient beaucoup réduites ; leur fusion ne pourrait plus alors causer d'accidents.

Des fraudes contre les Ordonnances.

On met une tubulure dans la chaudière, avec un fond dans lequel il y a une soupape bien plus petite qui est liée à celle qui est extérieure ; cette dernière n'a donc point d'effet, c'est la petite qui ferme ; et, comme elle n'est chargée que par le poids qui charge la grande, la résistance à la vapeur est bien plus grande qu'il ne le faut.

D'autres fois on fait au levier une pointe qui entre dans la tête de la soupape et y est serrée de manière que si le levier se lève, il fait appuyer la soupape sur le côté, et que là il s'exerce une résistance qui s'oppose à l'élévation de la soupape.

On met sous les plaques fusibles des plaques infusibles, on fait arriver un courant d'air froid, ou même de l'eau froide sur les plaques.

De la vapeur qu'on forme avec une quantité de combustibles.

La quantité de chaleur employée à l'évaporation est très variable suivant les dispositions des foyers: mais dans un même foyer on ne voit pas qu'elle change sensiblement avec la température. Cependant, rigoureusement, elle diminue; car il passe d'autant moins de chaleur dans la chaudière que celle-ci est plus chaude. Comme l'épaisseur de la tôle est plus forte pour les machines à haute pression, il faut une bien plus grande différence de chaleur de l'extérieur à l'intérieur pour qu'il passe la même quantité de chaleur; dès lors il faut aussi un foyer bien plus actif et une plus grande consommation de charbon à surface égale de chaudière.

Le passage de chaleur par une tranche dx dépendant de $\frac{k\,dt}{dx}$, t étant la température et x l'épaisseur du corps, k le coëfficient de conducibilité, on voit que suivant la forme de la courbe des températures, il pénètrera plus ou moins de chaleur dans l'eau dans un temps donné.

On ne peut pas dire comment la dépense en combustible, dans un temps donné, est lié au degré de chaleur du foyer: ainsi les questions de <u>maximum</u> de vapeur à produire avec une quantité de charbon à brûler ne peuvent se résoudre théoriquement. La pratique, comme on l'a dit, montre que cette quantité de vapeur produite ne varie pas beaucoup dans les limites où les foyers ont une activité suffisante pour bien brûler les gaz.

Ainsi on trouve que 1 kil. de houille qui peut produire jusqu'à 10 et 11 kilog.^{s} de vapeur à peu près, avec toute la chaleur utilisée, ne fait évaporer dans la chaudière que 6 kil.^{s} de vapeur; on a été jusqu'à 7 kil.^{s}. Ainsi on peut porter à 0,60 le coëfficient qui exprime la portion de chaleur utilisée à l'évaporation dans un bon foyer et une bonne chaudière: il doit diminuer avec les épaisseurs des chaudières et un peu avec les températures élevées de la vapeur.

Lorsqu'on calcule le travail produit par la vapeur, il faut faire attention que dans plusieurs circonstances la quantité d'eau qui sort de la chaudière dans un temps donné n'est pas toujours celle qui est employée à former de la vapeur. Une partie de cette eau est entraînée sous forme de gouttelettes ou de nuage, et va passer ainsi dans le cylindre de la machine et ensuite dans le condenseur. Cette portion d'eau ainsi entraînée l'est donc en pure perte pour l'effet de la machine. Cela arrive surtout quand l'ébullition est trop rapide et tumultueuse, ainsi qu'on l'observe dans les machines locomotives. On n'a pas encore beaucoup d'expériences sur la proportion d'eau qui peut être entraînée sans être vaporisée, mais quelques praticiens pensent qu'elle peut aller jusqu'au tiers de la quantité totale d'eau sortie de la chaudière.

Du travail qu'on peut recueillir théoriquement avec un Kilogramme d'eau réduite en vapeur.

1° Sans la détente.

On peut établir facilement que quelle que soit la forme de l'enveloppe d'un volume de vapeur qui se forme et chasse des parois pour l'étendre, il se produit sur ces parois pendant que la vapeur se forme seulement un travail T qui a pour mesure

$$T = V_{th} \cdot (h - h') ,$$

V_{th} étant le volume et h la hauteur d'eau qui représente la pression du gaz à la température t, et h' celle qui exprime la pression qui a lieu derrière l'enveloppe par la vapeur condensée, les unités de longueur étant le mètre, et les unités de poids 1000 Kilog.^{s}; les unités de travail seront ici les 1000 Kilog.^{s} élevés à 1 mètre.

Ainsi il n'y a qu'à déduire pour la vapeur formée V et h de la température qui est la donnée ordinaire de ces sortes de questions. On peut aussi déduire V_{th} de h qui est aussi une quantité souvent connue directement.

On a en appelant $V_{t_0h_0}$ et h_0 le volume et la pression à 100° en calculant pour 1 Kil.^{e} de vapeur

$$h_0 = 10^{m}33 \qquad \text{et} \qquad V_{t_0h_0} = 1^{m},70 \quad :$$

et on a la relation

$$\frac{V_{th}}{V_{th_0}} = \frac{h_0}{h_t} \qquad \text{et} \qquad \frac{V_{th_0}}{V_{t_0h_0}} = \frac{(1+\alpha t)}{1,375} = \frac{V_{th_0}}{1,70} ,$$

d'où

$$V_{th} = \frac{1,70}{1,375} \times \frac{(1+\alpha t)}{h_t} \times 10^{m},32 .$$

Ceci suppose que la vapeur se comporte comme les gaz ; ce qui ne paraît pas très bien prouvé pour les vapeurs au maximum de densité : car, Southern a prétendu qu'il fallait prendre la simple loi de la raison inverse des pressions pour avoir les volumes, et qu'il ne fallait pas introduire la dilatation de la température comme pour les gaz. Cependant cela n'a pas été admis en France, au reste, jusqu'à 8 atmosphères la différence est peu sensible. Nous poserons donc pour 1 Kil.^{e} de vapeur

$$T = \frac{1,70}{1,375}(1+\alpha t)10^{m},32\left(1 - \frac{h'}{h}\right)$$

ou

$$T = 12,76(1+\alpha t)\left(1 - \frac{h'}{h}\right) ;$$

on a ici h' et h par les tables des forces élastiques pour la vapeur saturant l'espace. Les unités ici sont l'unité dynamique ordinaire de 1000 Kilog.^{es} élevés à 1 mètre.

On trouve

On trouve ainsi en prenant $h' = 0^m,72$ et h successivement égal à 1, 2, 3, 4, 5, ... 8 atmosphères de $10^m,32$

T = 16°,3	à	1	Atmosphère
17,9	à	2	id
18,8	à	3	id
19,3	à	4	id
19,9	à	5	id
20,2	à	6	id
20,5	à	7	id
20,8	à	8	id

Si l'on admettait qu'on n'eût pas égard à la dilatation par la chaleur comme pour les gaz ; on aurait à 8 atmosphères 17°,4 au lieu de 20°,8.

2°. Travail avec détente.

Si maintenant on admet que la vapeur se détende dans le cylindre d'une Machine à vapeur ; il faut pour calculer le travail connaître le décroissement de force quand le volume s'étend assez rapidement. Ordinairement on admet que la vapeur en se détendant a le temps de prendre assez de chaleur au cylindre pour rester à la même température ; alors la force doit suivre la raison inverse du volume, et le calcul du travail devient très facile.

Cependant il n'est pas certain qu'elle puisse prendre ainsi toute la chaleur ; mais l'erreur qu'on fait dans ce cas est peu considérable, comme on va le voir.

On paraît d'accord aujourd'hui pour admettre que la quantité totale de chaleur qui entre dans un Kilog. de vapeur au maximum de densité est entre 650° et 550°+t, t étant la température. Ces deux expressions l'une de Mr. Clément, l'autre de Southern s'accordent à 100°. Au delà, la seconde donne plus de chaleur à mesure que la vapeur est plus chaude : à 8 atmosphères le rapport des deux quantités est celui de 650° à 650°+73°. Si l'on admet la 2ème loi, il arrivera que de la vapeur constituée à une tension plus forte et se dilatant, aurait plus de chaleur qu'il ne lui en faudrait pour se constituer au maximum de densité, en diminuant de force élastique, car il lui faut moins de chaleur pour se constituer à une pression moindre ; donc elle aura de fait un excès de chaleur et aura plus de force élastique que si elle était constituée au maximum de densité. Si on admet la loi de Mr. Clément, alors elle aura toujours en changeant de tension, assez de chaleur pour se constituer à l'état de maximum de densité ; de sorte que pour peu que les parois lui en envoient un peu elle pourra conserver sa température. Au reste en faisant le calcul dans les deux suppositions, où la vapeur en se détendant reste au maximum de densité, et où elle reste à la même température, on voit que les résultats diffèrent assez peu pour que dans la pratique, on prenne l'un pour l'autre sans grande erreur, et qu'on se serva du plus simple.

On a ..

On a pour le travail dû à la détente de la pression h à la pression h_1 quand il y a contre le piston une résistance h'

$$T = \int_{h_1}^{h} (h - h')\, dv$$

en ajoutant le travail pendant la formation qui est

$$(h - h')\, v$$

on aura pour le travail total

$$T = \int_{h_1}^{h} h\,dv - h'(v_1 - v) + hv - h'v$$

ou

$$\int_{h_1}^{h} h\,dv + hv - h'v_1 \;.$$

La détente ne doit se pousser que jusqu'à ce que $h_1 = h'$; car au delà il y aura du travail perdu au lieu de travail acquis.

Ainsi le maximum théorique dans le cas de détente est

$$\int_{h'}^{h} h\,dv + hv - h'v'$$

ou ce qui revient au même

$$\int_{h'}^{h} v\,dh \;.$$

On a pour exprimer les forces élastiques la formule d'interpolation

$$\frac{h}{h_0} = \left\{ 1 + 0{,}7153 \left(\frac{t - 100^\circ}{100} \right) \right\}^5$$

où h_0 désigne la pression atmosphérique de $10^{m},32$

$$h = h_0 (0{,}2847 + 0{,}00715\,t)^5$$

ou pour abréger

$$h = h_0 (a + bt)^5 \;, \qquad \text{(A)}$$

or on a en outre

$$\frac{v}{v_0} = \frac{h^\circ}{h} \, \frac{(1 + \alpha t)}{1{,}375} \quad . \qquad \text{(B)}$$

Les équations (A) et (B) lient entre elles les trois quantités v, h, t, et donnent le moyen de calculer exactement l'intégrale $\int_{h'}^{h} v\,dh$, mais on peut se contenter d'une approximation : comme on a

$$v = \frac{h^\circ v_0}{h} (1 + \alpha t)$$

elle devient

$$\int_{h'}^{h} h_0 v_0 \frac{dh}{h} \left(\frac{1 + \alpha t}{1{,}375} \right)$$

t variant peu, on voit qu'on ne fait pas une grande erreur en prenant $1 + \alpha t$ constant, et on a

$$hv \log \left(\frac{h}{h'} \right)$$

pour le maximum théorique de la quantité de travail.

Prenant toujours $h' = 0^m,72$, on aura

à 1 atmosphère	T =	42,50
2	id	55,50
3	id	62,80
4	id	68,20
5	id	72,90
6	id	76,70
7	id	80,00
8	id	82,50

on voit combien on gagne à faire agir la détente.

Ces résultats sont purement théoriques et supposent qu'il n'y a pas de frottements ni d'autres résistances au mouvement du piston ; h' est donc toujours plus grand que nous ne l'avons supposé.

Si la détente n'est pas poussée jusqu'à ce que la force h de la vapeur soit égale à h', mais qu'elle soit seulement réduite à $h_1 > h'$; on a pour le travail par Kilog.e de vapeur

$$\int_{h_1}^{h} h\,dv + hv - h'v_1 \qquad (v_1 \text{ étant le volume qui répond à } h_1).$$

Or en admettant que l'on néglige la correction des températures et qu'on pose

$$hv = h_1 v_1$$

on aura

$$hv\left\{1 + \log\left(\frac{h}{h_1}\right) - \frac{h'}{h_1}\right\}.$$

Cette formule servira à calculer le travail produit quand la détente n'est pas poussée aussi loin que possible.

Comparaison du travail théorique avec la chaleur dépensée pour la formation de la vapeur.

La chaleur dépensée pour échauffer à partir de zero et réduire en vapeur 1 Kilog.e d'eau est constante ; suivant M.r Clément, cette loi ne semble devoir être qu'approximative ; car on a de la peine à comprendre que pour réduire l'eau en vapeur il faille moins de chaleur quand elle est une fois échauffée à 200°, que quand elle ne l'est qu'à 100°. La loi de Southern paraît plus exacte. Elle consiste en ce qu'une fois l'eau échauffée au degré voulu elle consommera toujours la même quantité de chaleur pour la réduire en vapeur au maximum de densité, quelle que soit d'ailleurs la température de cette vapeur.

D'après cette loi si l'on prend 1 Kilog.e d'eau à t' degré et qu'on veuille la réduire en vapeur à une température t, il faudra une quantité q de chaleur donnée pour

$$q = 550° + (t - t').$$

Ainsi les

Ainsi les rapports des quantités de chaleur dépensées en prenant l'eau de condensation à 40°, seront ceux des nombres suivants

à 1	atmosphère	610°
2	id	631
3	id	645
4	id	655
5	id	663
6	id	670
7	id	676
8	id	682.

Ainsi l'on ne dépenserait qu'environ $\frac{1}{9}$ de chaleur en plus à 8 atmosphères par la loi de Southern, que par celle de Clément. Cette différence est de peu d'importance. Ainsi on peut pour prendre une idée du maximum théorique de la quantité de travail qu'on pourrait retirer d'un Kilog.e de charbon, admettre, ainsi que l'expérience le confirme assez bien, que ce Kilog.e vaporisera toujours 6 Kilog.es d'eau à toutes les températures ; ce qui donnerait en prenant la détente au maximum sans frottement du piston, ni aucune autre résistance et jusqu'à la pression de 0,72 d'eau, pour 6 Kilog.es d'eau

à 1	Atmosphère	T = 255	(avec détente)	96	(sans détente)
2	id	= 328	id	107	id
3	id	= 377	id	113	id
4	id	= 409	id	116	id
5	id	= 437	id	119	id
6	id	= 460	id	121	id
7	id	= 480	id	123	id
8	id	= 495	id	125	id

On voit ici combien on gagne théoriquement à la détente. On remarque que bien que le maximum de travail à recueillir théoriquement avec un Kilo de charbon aille en croissant ici très sensiblement avec la température de la vapeur il ne faudrait pas en conclure qu'il en serait ainsi dans la pratique ; car, 1° on ne pourrait produire une très grande pression dans la vapeur sans perdre plus de chaleur dans le foyer, vû que la chaudière, étant bien plus chaude prendrait moins de chaleur dans le même temps ; 2° les pertes de vapeur autour du piston augmentent avec les pressions ; 3° il y aurait en outre à contester la vérité des lois physiques employées pour arriver aux résultats précédents lorsqu'on les appliquerait à de trop hautes températures pour lesquelles elles n'ont pas été vérifiées.

Comment

Comment on peut calculer le travail d'une Machine à vapeur quand elle marche.

Soit C la hauteur de la course du piston, A la surface du piston, n le nombre de tours du volant par seconde. On trouvera la hauteur h qui représente la pression donnée soit par le manomètre, soit par le thermomètre en hauteur d'eau; et l'on en fera autant de la pression h' dans le condenseur. S'il n'y a pas de détente on prendra la formule $2nACh\left(1-\frac{h'}{h}\right)$ qui représente le travail qu'on obtiendrait théoriquement: mais il faut réduire ce produit d'abord de la diminution de la pression dans le cylindre; qui n'est pas celle dans la chaudière; parce qu'il y a 1° perte de chaleur; 2° perte de vapeur; 3° diminution de pression, en raison de la vitesse que la vapeur doit prendre par les tuyaux et les orifices. Il y a en outre le frottement du piston et les résistances pour le jeu des pompes. Tout cela augmente h'.

Pour les Machines à détente on a la formule suivante,

$$hv\left\{1+Log\left(\frac{h}{h_1}\right)-\frac{h'}{h_1}\right\}$$

pour le travail théorique, la détente s'arrêtant à la pression h_1 et la résistance derrière le piston étant h'.

Si on appelle K le rapport entre la course totale et la partie de la course pendant laquelle il n'y a pas détente, on aura

$$K=\frac{v_1}{v}=\frac{h}{h_1}\,\frac{(1+\alpha t_1)}{(1+\alpha t)}\quad,$$

mais ici t et t_1 ayant peu d'influence, on négligera les facteurs qui les contiennent, et on aura

$$K=\frac{h}{h_1}\quad;$$

ainsi le travail théorique devient

$$2nACh\left\{1+Log(K)-\frac{h'K}{h}\right\}\quad:$$

h' ici doit exprimer la résistance au jeu du piston, qui provient, 1° de la pression du condenseur; 2° du frottement du piston; 3° du jeu des pompes.

On devrait introduire aussi un facteur de réduction pour h, si l'on a pris la pression dans la chaudière, car elle est moindre dans le cylindre en raison du refroidissement et de la vitesse au passage dans les conduits, et des pertes de vapeur; Tredgold porte cette perte à 0,073, ce qui fait 0,927 h au lieu de h: en appelant θ ce coëfficient de réduction, on a pour le travail par seconde

$$2nAC\theta h\left\{1+Log(K)-\frac{h'K}{\theta h}\right\}\quad;$$

h' se compose de la résistance du condenseur que nous ferons égale en hauteur d'eau à 0m,72; Tredgold porte le reste de la pression h' qui exprime toutes les résistances à 0,245 h ; mais il y a des éléments dans cette résistance h' qui ne devraient pas être proportionnels à h, tel que le frottement du piston. C'est une chose qui n'est point encore bien étudiée que l'expression pratique du travail des machines à vapeur. Nous ne nous occuperons d'abord ici que de la détermination du nombre K, c'est-à-dire de l'expansion qu'on doit donner à la vapeur après avoir fermé l'issue de la vapeur. Quoiqu'il en soit, à défaut de données suffisantes, nous adopterons $h' = 0,245 h$ et nous aurons

$$2n\pi AC\, 0,927 h \left\{ 1 + \mathrm{Log}(K) - \frac{h'K}{0,927 h} \right\} ;$$

Si l'on veut avoir un maximum de travail sur l'arbre du volant, il faudra pousser la détente de manière qu'au bout de la course, la pression, devenue $\frac{0,927 h}{K}$, soit égale à la résistance $0,245 h + 0,72$ ce qui donne

$$K = \frac{0,927}{0,245 + \frac{0,72}{h}}$$

ou bien

$$K = 3,78 \left\{ \frac{1}{1 + \frac{3,00}{h}} \right\} .$$

Ainsi l'on ne devrait guère détendre à plus de 3 fois et demie le volume primitif, c'est à dire que la partie de la course du piston pendant laquelle on ferme la soupape ne doit guère être plus de $2\frac{1}{2}$ fois la partie de la course pendant laquelle on la tient ouverte.

Du Régulateur.

Pour concevoir l'effet de la soupape à gorge, il faut faire attention que la quantité de vapeur qui arrive, est égale à celle que fait la chaudière quand il y a constance dans les dispositions, et que tout est uniforme ; alors, en appelant p le poids de la vapeur formée par mètre quarré de chaudière, A la surface du piston, et u la vitesse moyenne du piston, on a

$$u = \frac{pS(1+\alpha t)}{Ah\, 1,375} \times 10,32 .$$

Le poids p de vapeur formée dépend de la différence de température du foyer et de l'eau dans la chaudière ; si T est celle du foyer on peut remplacer p par $pf(T-t)$ p étant alors une constante et $f(T-t)$ une fonction qui décroît quand $T-t$ diminue, on a alors

$$u = pf(T-t)\, \frac{10,32}{1,375} (1+\alpha t)\, \frac{S}{Ah} .$$

En général, si t varie peu, $f(T-t)$ varie très peu ; et le poids de vapeur formée par seconde $pf(T-t)$ varie très peu. C'est ce qui nous a porté dans les calculs précédents à la regarder comme constamment de 30 Kilog^{mes} par heure. Cette vitesse u ci-dessus n'est que celle de stabilité, car dans un temps plus ou moins long lorsque la tension dans la chaudière, va en augmentant ou en diminuant, alors, il sort plus ou moins de vapeur qu'il ne s'en produit ; et cette formule, pour le temps pendant lequel la vapeur s'accumule ou diminue dans le réservoir, n'est plus celle qui donne la vitesse. Dans les premiers instants, après qu'on a ouvert ou diminué l'entrée de la vapeur dans le cylindre, en fermant la soupape à gorge ; il arrive ainsi que la vapeur sortant de la chaudière, n'est plus égale à celle qui est formée dans le même temps. Le poids vaporisé $pf(T-t)$ ne varie pas sensiblement ; c'est le poids qui sort par l'orifice qui seul varie : celui-là diminue parce qu'il ne dépend que de l'aire de l'orifice et de la différence de pression.

Si l'on appelle h_1 la pression dans la chaudière, h la pression dans le cylindre, α la section de l'orifice et v la vitesse d'écoulement de la vapeur ; on a très approximativement

$$v = 586\sqrt{\frac{h_1-h}{h}\left(\frac{1+\alpha t}{1,375}\right)},$$

ou encore à cause de $\frac{1+\alpha t}{1,375}$ très près de l'unité

$$v = \sqrt{344213\frac{h_1-h}{h}} = 586\sqrt{\frac{h_1-h}{h}} = N\sqrt{\frac{h_1-h}{h}}.$$

Donc si le piston a une section A et une vitesse u ; on aura

$$Au = \alpha \times N\sqrt{\frac{h_1-h}{h}}$$

d'où

$$h = h_1\left(\frac{1}{1+\frac{A^2}{\alpha^2}\frac{u^2}{N^2}}\right).$$

Si donc on venait à pousser le feu au point que la vapeur se formant en plus grande abondance, h_1 et h vinssent à croître, alors le travail moteur l'emportant sur le travail résistant par coup de piston, la vitesse u croîtrait ; mais en même temps le régulateur à boule fera tourner la soupape qui ferme l'orifice α, et celui-ci diminuera : mais α diminuant au point que α^2N^2 cesse d'être très grand, alors il y aura une différence sensible entre h_1 et h. Mais si l'on admet que la chaudière soit un peu grande, h_1 ne changera pas très rapidement ; ce sera h qui décroîtra. Alors le travail moteur sur le piston n'étant plus égal, à chaque coup de piston, au travail résistant, la vitesse u diminuera graduellement ; si l'orifice α reste alors le même, jusqu'à ce que la pression h soit devenue suffisante par l'effet de la diminution de α ; ou bien la soupape à gorge se rouvrira, et de suite h reprendra une valeur plus grande, c'est-à-dire, celle qu'elle avait d'abord.

Des pertes de travail depuis la chaudière jusqu'au volant.

Quand on calcule le travail théorique de la vapeur, soit dans le cas de la détente, soit sans la détente, on part de la force déduite de la température de la chaudière. Nous avons déjà indiqué que ce travail devait être réduit dans une assez grande proportion, mais nous n'avons pas eu égard aux dimensions des machines. Voici les coëfficients de réduction par lesquels on doit multiplier le travail théorique pour avoir celui qui peut être recueilli du volant et celui qui sert à estimer la machine en chevaux. Dans l'énoncé du produit d'une machine on est convenu que le nombre de chevaux qu'elle rend est mesuré sur l'arbre du volant, c'est ce qui devrait donner la mesure du travail recueilli avec le frein posé sur cet arbre.

Les pertes augmentent dans les petites machines en raison de la plus grande proportion des surfaces pour le refroidissement, et des lignes de fuite, et des frottements du piston.

Ainsi le coëfficient de réduction varie avec la grandeur des machines.

Voici d'après l'usage des Constructeurs une table tirée des Leçons de Mr. Poncelet.

		Coëfficients de réduction pour les Machines.	
		en bon état.	en état médiocre
Machines à basses pressions	de 4 à 8 chevaux	0,50	0,42
	10 à 20	0,56	0,47
	30 à 50	0,60	0,54
	60 à 100	0,65	0,60

Ces coëfficients s'appliquent à la formule

$$2nACh\left(1-\frac{h'}{h}\right).$$

Machines à pressions plus fortes, sans détentes, ou à détentes.	de 4 à 8 chevaux	0,33	0,30
	10 à 20	0,42	0,35
	20 à 40	0,50	0,42
	60 à 100	0,60	0,55

Ces coëfficients s'appliquent à l'expression du travail déduite théoriquement, soit du nombre de coups de pistons et de l'observation de la température, ou de la pression dans la chaudière, c'est-à-dire de

$$2nCh\left(1-\frac{h'}{h}\right)$$

pour les machines sans détente, et de

$$2nCh\left\{1+\log(K)-\frac{h'K}{h}\right\}$$

pour les machines à détente : K étant le rapport de la course totale à la course avant la détente, et h' la pression dans le condenseur.

Si la machine est sans condenseur, de 6 à 10 atmosphères, alors la formule ci-dessus, sera affectée du coëfficient de réduction 0,35.

Calcul de l'eau froide dans le condenseur.

La quantité de chaleur consommée dans un Kilog.^r de vapeur à t degré étant

$$q = 550^\circ + t$$

et celle contenue dans un Kilog.^r d'eau froide étant

$$q' = t' ,$$

supposons que le mélange prenne une température t_1, et appelons p et p' les poids de vapeur d'eau chaude et d'eau froide ; en négligeant le poids de vapeur qui reste dans le condenseur à la température t_1 de condensation, on aura évidemment

$$(p+p')t_1 = p\,(550^\circ + t) + p't'$$

d'où

$$p' = p\,\frac{(550^\circ + t - t_1)}{t_1 - t'} .$$

Si l'on a une machine vaporisant p litres d'eau par heure, et marchant à la température de 120° pour 2 atmosphères, et condensant à 40°, avec de l'eau à 10°, on aura

$$p' = p \times 21 .$$

Dans les machines à 2 atmosphères, un Kilog.^r d'eau vaporisée rend 18 unités, desquelles on n'a recueilli que la moitié ou 9 unités. Donc, comme un cheval vaut 270 par heure, il faut vaporiser 30 Kilog.^s par heure par cheval. Donc il faut avoir en eau froide par heure

$$p' = 630^{Kil} \text{ (par cheval)}$$

$$p' = 0,^{kil}175 \text{ (par cheval par seconde)} .$$

Ainsi une machine de 50 chevaux exige par seconde un débit de 8,75 Kilog.^s ou 8,75 litres. Si l'eau doit être élevée d'un puits de 10^m,00 de profondeur, il faut plus de la force d'un cheval, pour le service de la pompe à eau froide ; la pompe dite à air ou celle qui retire l'eau du condenseur, doit donc aussi élever ces 8,75 Kilog.^s par seconde à la hauteur de la pompe d'eau chaude.

On compte que l'air qui sort de l'eau d'injection, et qu'il faut aussi enlever, est le $\frac{1}{18}$ environ en volume, à la température de 40°, de celui de l'eau ; ainsi la pompe à air doit tirer aussi cet air.

De l'établissement d'une Machine à vapeur.

Lorsqu'on a la résistance R à surmonter en un point de la roue tenant à l'arbre du volant situé à la distance r de l'axe de rotation et le nombre n de tours à faire par minute, le travail résistant par minute sera

$$n\,2\pi r R$$

et par heure

$$120\,n\,\pi r R .$$

Si p est le poids de vapeur que peut vaporiser un mètre quarré de surface de chauffe par heure, on aura

$$3600\,\mathrm{A}u = \mathrm{S}p \cdot \frac{10,32}{h} \cdot \frac{(1+\alpha t)}{1,375}\,1,70$$

A étant la surface du piston, et u la vitesse moyenne par seconde, h la pression et t la température de la vapeur. Comme on a $u = \frac{2n\mathrm{C}}{60}$ cette équation deviendra

$$(\mathrm{A}) \ldots\ldots\ldots\ldots : 120\,n\,\mathrm{CA} = \frac{\mathrm{S}p(1+\alpha t)\,12,76}{h} \;.$$

En appelant C la course du piston, on aura de plus si la machine est sans détente

$$(\mathrm{B}) \ldots\ldots\ldots\ldots \alpha\mathrm{AC}h\left(1-\frac{h'}{h}\right)\pi r\mathrm{R} \;,$$

cette équation donnera la pression h. Pour qu'elle soit convenable, on amenera la force R à ce que l'on voudra en plaçant des engrènages intermédiaires entre l'effet à produire et le volant. Le nombre des tours de celui-ci étant donné, on aura le nombre n de coups de pistons par minute; ainsi dans l'équation (A) on déterminera la surface S de chauffe pour fournir la vapeur nécessaire à la quantité de travail qu'il faut produire.

Ces deux équations (A) et (B) l'une pour la transmission de la chaleur et l'autre pour la transmission du travail constitue toutes les relations nécessaires à l'établissement d'une machine à vapeur; elles ont lieu quand la machine est dans l'état stable, c'est-à-dire quand la vitesse moyenne u reste la même à chaque coup et que la température dans la chaudière ne varie pas. C'est en cet état seulement que le travail produit par une machine à vapeur doit être vérifié, si on la prenait dans un état non stable, tandis que la température dans la chaudière va en diminuant ou en augmentant, on pourrait la trouver beaucoup plus forte qu'elle ne peut l'être dans son état stable.

Ainsi si par une cause quelconque on vient à diminuer la résistance R, l'équation (B) n'ayant plus lieu, la vitesse du volant s'accélerera tant que la tension n'aura pas diminué. Or cela pourra être très long si la chaudière a une grande capacité.

Lorsqu'on ferme ou qu'on ouvre davantage la soupape à gorge, on change la pression h dans le cylindre, et par suite la vitesse du piston qui ne revient à ce qu'elle était qu'après que la pression dans la chaudière a eu le temps de changer.

De la vitesse du piston résultant des proportions ordinaires entre la chaudière et le cylindre.

Soit u la vitesse moyenne du piston par seconde, $\frac{\pi\mathrm{D}^2}{4}$ la surface du piston, le volume de vapeur produit par seconde sera

$$\frac{\pi u\mathrm{D}^2}{4} \;;$$

S étant toujours la surface de chauffe de la chaudière, on aura pour le poids de vapeur formée par seconde dans les chaudières ordinaires qui vaporisent moyennement 30 Kilog.s de vapeur par mètre quarré de surface de chauffe et par heure

$$S \times 0,00833$$

S étant exprimé en mètre quarré le volume de la vapeur sera

$$S \times 0,00833 \times \frac{1,70}{h} \frac{(1+\alpha t)}{1,375} \times 10,32 ,$$

ainsi on doit avoir

$$\frac{\pi u D^2}{4} = S \times 0,00833 \times \frac{12,76}{h} (1+\alpha t) \qquad \text{ou} \qquad u = 0,1063 \times (1+\alpha t) \times \frac{S}{\frac{\pi D^2 h}{4}}$$

ou en désignant par P la pression que la vapeur produit sur le piston exprimé en unité de 1000 Kilog.s $u = 0,1063 (1+\alpha t) \frac{S}{P}$ si le rapport $\frac{S}{P}$ reste constant, u variera peu.

On donne ordinairement au cylindre un diamètre moitié de la course ; ainsi son volume est $\frac{\pi D^3}{2}$.

On donne ordinairement aux chaudières une longueur cylindrique de trois fois le diamètre : ainsi si D' est le diamètre de la chaudière, son volume sera à peu près

$$\frac{3\pi D'^3}{4} + \frac{1}{6} \pi D'^3 \qquad \text{ou} \qquad \frac{22}{24} \pi D'^3 ,$$

ainsi en adoptant l'usage de donner à la chaudière 45 fois le volume du cylindre, on a

$$\frac{22}{24} \pi D'^3 = 45 \times \frac{\pi D^3}{2} \qquad \text{d'où} \qquad \frac{D'}{D} = \sqrt{\frac{45 \times 24}{44}} = 2,9 \quad (\text{à peu près})$$

on aura à peu près pour surface de chauffe

$$S = \frac{10 \pi D'^2}{4} \qquad \text{ainsi} \qquad \frac{S}{\frac{\pi D^2}{4}} = 10 \times \frac{D'^2}{D^2} = 84,10 ,$$

ainsi on aurait

$$u = \frac{8,41}{h} (1+\alpha t)$$

h étant pour les machines ordinaires de 20,65 et t de 120°

$$u = \frac{8,41 \times 1,45}{20,65} = 0,60 \quad (\text{environ}) .$$

Si à de plus hautes pressions le diamètre D du cylindre devient plus petit que $\frac{D'}{2,9}$, la chaudière restant la même, alors u augmente ou diminue dans le rapport

$$\frac{(D'^2)\, 20,65}{8,41 \cdot D^2 h} .$$

Si la chaudière avait des bouilleurs ayant un diamètre le quart de celui de la chaudière, on aurait alors

$$S = \frac{10}{4} \pi D'^2 + \frac{3}{2} \pi D'^2 = \frac{16}{4} \pi D'^2$$

d'où

$$\frac{S}{\frac{\pi D^2}{4}} = 16\,\frac{D'^2}{D^2}\ ,$$

on a dans ce cas pour le volume de la chaudière à très peu près

$$\frac{22}{24}\,\pi D'^3\left(1+\frac{1}{8}\right)$$

ce qui donne, en vertu de ce que ce volume doit être 45 fois celui du cylindre

$$\frac{22}{24}\cdot\frac{9}{8}\,D'^3 = 45\cdot\frac{\pi D^3}{2} \qquad \text{d'où} \qquad \frac{D'}{D} = \sqrt{\frac{45\times 24}{44}\,\frac{8}{9}} = 2{,}8$$

on a donc $\dfrac{S}{\frac{\pi D^2}{4}} = 16\times 7{,}84 = 12{,}54$.

Ainsi avec deux bouilleurs d'un diamètre du quart de celui de la chaudière, on a

$$u = \frac{13{,}29\,(1+\alpha t)}{h}\ ;$$

à la pression $h = 20$ et $t = 120°$, on a

$$u = 0{,}996 = 1^m{,}00\ .$$

Les mêmes expressions des vitesses moyennes s'appliqueront aux machines à détente, en prenant pour pression celle de la vapeur, après qu'elle a été détendue, c'est-à-dire h_1, de la formule qui exprime le travail.

De la marche variée d'une Machine à vapeur.

Considérons les variations de mouvement, non plus dans un même coup de piston, ou un même tour de volant, mais après un certain nombre de ces tours, lorsque les conditions de stabilité n'ont plus lieu et qu'elles tendent à se rétablir par un changement progressif dans la pression de la vapeur et dans la vitesse moyenne du piston ; l'activité du foyer étant supposée constante.

Dans ces changements, la quantité de chaleur contenue dans la chaudière doit être considérée comme un magasin de forces qui en donne ou en reprend, en même temps que le volant joue le rôle analogue, soit en sens contraire, soit dans le même sens.

On doit considérer dans le mouvement des machines à vapeur deux éléments principaux, savoir, la pression moyenne de la vapeur, et la vitesse moyenne du piston pour chaque tour du volant. Dans l'état stable, ces éléments ne varient pas ; dans l'état troublé, ils varient avec le temps et s'influencent l'un l'autre. On peut former deux équations simultanées aux différences finies, exprimant les accroissements de ces variables et renfermant ainsi les lois de leurs variations avec le temps. Elles s'établissent à l'aide des deux lois physiques et dynamiques si analogues ; l'une qui donne la variation de température par la différence de la chaleur reçue à la chaleur transmise ; l'autre qui donne la variation de vitesse par la différence du travail reçu au travail transmis.

L'établissement de ces équations donne immédiatement les valeurs des variables pour l'état stable ; il suffit d'égaler à zéro leurs différences. La conservation de la vitesse fournit directement la pression et par suite la température de la vapeur quand on se donne la résistance que la machine doit vaincre. La conservation de la pression ou de la température dans la chaudière, donne la vitesse moyenne du piston ou du volant, en fonction de la pression déjà déterminée. C'est ainsi qu'en partant de cette base fournie par l'expérience dans des conditions ordinaires, qu'un mètre quarré de surface de chaudière exposée au feu vaporise 30 Kilog.mes de vapeur par heure ; et de cette autre donnée, suivie par les Constructeurs dans beaucoup de grandes machines fixes, que le volume du cylindre est le $\frac{1}{45}$ de celui de la chaudière ; et en calculant sur les formes ordinaires, on trouve que la vitesse moyenne du piston pour les machines à basses pressions où ces formes sont adoptées doit être entre $0^m,50$ et $1^m,00$ par seconde : c'est ce qu'on savait à peu près par expérience. Cette vitesse diminuerait en raison inverse de la pression et augmenterait si l'on rendait le cylindre plus petit comparativement à la surface de la chaudière exposée au feu. C'est à l'aide de ces valeurs de la pression et de la vitesse répondant à l'état stable des machines que les Ingénieurs doivent en calculer les diverses parties pour produire un certain effet utile continu. Mais lorsqu'il s'agit d'un effet momentané, pendant que la machine est dans un état non stable, ce n'est plus par ces valeurs qu'on doit en calculer l'effet. La machine alors produit par seconde un travail qui est ou plus grand ou plus petit que celui pour lequel elle a été construite, c'est-à-dire qu'elle représente momentanément un nombre de chevaux supérieur ou inférieur à celui qui mesure son effet ordinaire. Il est donc intéressant pour les applications d'étudier ces variations de forces ou de travail momentané dans une machine à vapeur. Cette question a surtout de l'importance pour les machines locomotives sur les chemins de fer, où pour monter une pente même assez longue, on n'a besoin que d'un accroissement de force qui puisse durer quelques minutes.

Nous poserons d'abord les dénominations suivantes ;

- S surface de la chaudière exposée au feu ;
- P le poids total de l'eau dans la chaudière ;
- p le poids de vapeur qui est vaporisée, dans l'unité de temps, par mètre quarré de surface de chauffe ;
- T la température de la vapeur et de l'eau dans la chaudière ;
- T' la température de la vapeur dans le cylindre ;
- A la base du cylindre ;
- y la pression mesurée en hauteur d'eau de la vapeur dans la chaudière ;
- y' la pression de la vapeur dans le cylindre ;
- a l'aire de l'orifice de communication entre la chaudière et le cylindre, les tuyaux étant supposés assez larges, comme cela arrive toujours, pour qu'il n'y ait pas lieu de s'occuper de leur influence sur l'écoulement, lequel ne sera modifié que par le plus ou le moins d'étendue de l'aire a ;

ω La vitesse angulaire moyenne du volant pour un tour, laquelle est égale à la vitesse effective pour une certaine position de ce volant ;

x la vitesse moyenne du piston, c'est-à-dire la longueur de sa course divisée par le temps employé à la parcourir ;

C la course du piston ;

h la pression fictive moyenne qui agissant sur le piston produirait par tour du volant tout le travail nécessaire pour donner la stabilité, cette pression étant mesurée par la hauteur d'une colonne d'eau ;

t le temps ;

k le coëfficient de l'espèce des moments d'inertie qui est tel que $k\frac{x^2}{2g}$ soit l'expression de la force vive du système conduit par la machine, à l'instant où x est la vitesse angulaire ;

α le coëfficient de réduction pour exprimer le travail transmis au volant.

Nous aurons pour un intervalle de temps Δt qui sépare deux instants où la vitesse x est égale à la vitesse moyenne par coup de piston

$$k\frac{(\omega+\Delta\omega)^2-\omega^2}{2g} = Ax\Delta t(y'-h)\alpha \ ,$$

or, la vitesse x chang très peu dans un coup de piston, on peut négliger $\Delta\omega^2$ et écrire

$$\frac{k}{g}\omega\Delta\omega = Ax\Delta t(y'-h)\alpha \ :$$

comme x est la vitesse angulaire moyenne par tour de volant, on a

$$\frac{\omega}{2\pi} = \frac{x}{2C}$$

ce qui réduit l'équation ci-dessus à

$$\text{(A)} \quad \frac{k\pi^2}{gC^2}\Delta x = A\Delta t(y'-h)\alpha \ .$$

En appelant v la vitesse que prend la vapeur en passant par l'orifice a de communication de la chaudière avec le cylindre, on a par les formules connues de l'écoulement des gaz, quand la différence de pression est petite

$$v = \sqrt{2g\frac{10,32}{y'}(y-y')\frac{(1+\alpha\delta')}{1,375}1700} \ ;$$

or, dans un temps Δt, qui comprend un coup de piston, bien que la vitesse v varie un peu, on peut cependant poser très approximativement

$$Ax\Delta t = av\Delta t \qquad \text{ou} \qquad Ax = av$$

ce qui donne, en substituant dans l'équation ci-dessus, et écrivant la lettre n au lieu du nombre 586

$$\text{(B)} \quad y = y'\left\{1+\left(\frac{A}{a}\cdot\frac{1,375}{(1+\alpha\delta')}\frac{x}{n}\right)^2\right\}$$

et, introduisant cette relation dans l'équation (A), elle devient

$$\text{(C)} \quad \frac{k\pi^2}{gC^2}\Delta x = A\Delta t\left\{\frac{y}{1+\left(\frac{A}{a}\cdot\frac{1,375}{1+\alpha\delta'}\frac{x}{n}\right)^2} - h\right\}\alpha \ .$$

Cette équation, qui est l'expression du principe de la transmission du travail, donne approximativement les altérations très petites Δx de la vitesse moyenne en fonction de y et de τ', qui représentent la pression dans la chaudière et la température dans le cylindre.

Ces mêmes variations sont liées par une autre équation qui est l'expression de la transmission du calorique. On doit exprimer en effet que la variation de température de l'eau de la chaudière est due à la différence entre les quantités de chaleur qu'elle reçoit et celles qu'elle envoie dans le cylindre avec la vapeur.

Le poids de vapeur qui peut être continuellement formée par la chaudière dans le temps Δt déduction faite des fuites, est

$$Sp\Delta t \,.$$

La quantité de chaleur qu'elle reçoit, déduction faite de toute perte, sera, en admettant la loi de Southern sur la chaleur renfermée dans un poids de vapeur

$$Sp\Delta t\,(550^\circ+\tau) \,.$$

Le volume de vapeur à la pression y' qui passe dans le cylindre dans le temps Δt, est

$$Ax\Delta t \,.$$

Le poids de ce volume sera

$$\frac{Ax\Delta t y'}{17,54\left(\frac{1+\alpha\tau'}{1,375}\right)}$$

et la quantité de chaleur contenue dans ce poids sera

$$\frac{Ax\Delta t y'(550^\circ+\tau')}{17,54\left(\frac{1+\alpha\tau'}{1,375}\right)}$$

Or d'autre part la quantité de chaleur positive ou négative, résultant de l'élévation de la température $\Delta\tau$ de l'eau dans la chaudière, sera

$$P\Delta\tau \,:$$

Si l'on néglige comme très petite devant cette dernière quantité celle qui a contribué à échauffer la vapeur dans la chaudière, on aura pour la transmission du calorique l'équation suivante

$$(\text{D}) \quad \ldots\ldots\ldots\ldots \quad P\Delta\tau = Sp\Delta t\,(550^\circ+\tau) - \frac{Ax\Delta t y'(550^\circ+\tau')}{17,54\left(\frac{1+\alpha\tau'}{1,375}\right)} \,.$$

On devra joindre à cette équation les relations connues entre les températures et les forces élastiques des vapeurs à saturation; elles seront de la forme

$$(\text{E}) \quad \ldots\ldots\ldots\ldots\ldots\ldots \quad y = 10,30\,(0,2847+0,007155\tau)^5$$

$$(\text{F}) \quad \ldots\ldots\ldots\ldots\ldots\ldots \quad y' = 10,30\,(0,2847+0,007155\tau')^5 \,.$$

Les cinq équations (B), (C), (D), (E), (F) suffiront pour déterminer les inconnues y et x, car elles ne contiennent en outre que les inconnues y', τ et τ'.

On peut simplifier la question en regardant les différences Δx, $\Delta \tau$ et Δt comme assez petites pour être assimilées à des différentielles. On remarquera en outre que les températures τ et τ' dans la chaudière et dans le cylindre varient assez peu pour être regardées comme égales dans les facteurs $1+\alpha\tau$, $1+\alpha\tau'$ et $550^\circ+\tau$ et $550^\circ+\tau'$. Ainsi on peut, sans erreur sensible, ne pas tenir compte de la variation de ces quatre facteurs dans les équations ci-dessus, et y prendre pour τ ou τ' une température moyenne constante τ_1, qui sera celle à laquelle la machine marche habituellement; alors, en faisant pour abréger $\frac{1+\alpha\tau_1}{1,375}=\theta$, l'équation (C) deviendra

$$(G) \quad \ldots\ldots\ldots \quad \frac{k\pi^2}{g\,C^2}\,dx = A\,dt\left\{\frac{y}{1+\left(\frac{A}{\alpha}\,\frac{x}{n\theta}\right)^2}-h\right\}\alpha \ .$$

L'équation (D), après qu'on aura mis pour y' sa valeur tirée de l'équation (B), deviendra

$$P\,d\tau=(550^\circ+\tau_1)\left\{\frac{Sp-Axy}{17,54\theta\left\{1+\left(\frac{A}{\alpha}\,\frac{x}{\theta v}\right)^2\right\}}\right\}dt \ .$$

La relation entre la pression y dans la chaudière et la température τ de la masse d'eau est fournie très approximativement par

$$y=10,30\,(0,2847+0,007155\,\tau)^5$$

nous représenterons, pour abréger cette relation par

$$\tau=\varphi'(y)$$

on en conclura

$$d\tau=\varphi'(y)\,dy \ .$$

Substituant dans l'équation précédente, elle deviendra

$$(H) \quad \ldots\ldots\ldots \quad dy=\frac{(550^\circ+\tau_1)}{\varphi'(y)\,P}\left\{Sp-\frac{A^2xy}{17,54\theta\left\{1+\left(\frac{A}{\alpha}\,\frac{x}{\theta v}\right)^2\right\}}\right\}dt \ .$$

Ces équations différentielles (G) et (H) donneront les variables x et y en fonction du temps.

Nous remarquerons que Sp, c'est-à-dire la quantité de vapeur qui peut être continuellement formée dans une seconde dans la chaudière dépend de la vitesse x du piston dans les machines locomotives dont le tirage se fait par la vapeur qu'on jette dans la cheminée. Sp serait bien aussi à la rigueur une fonction de la température τ, mais celle-ci varie si peu pour des variations assez sensibles de la pression y, que la quantité Sp ne peut varier sensiblement par l'effet de ce faible changement de température.

Des dimensions des volants dans les machines à vapeur à longues bielles.

Admettons que la bielle reste à peu près parallèle à elle-même et qu'elle agisse avec une force constante P comme cela a lieu dans une machine sans détente.

Désignons par

k le moment d'inertie du volant ;

$\omega\left(1+\frac{1}{m}\right)$ la plus grande vitesse angulaire pour un tour entier ;

$\omega\left(1-\frac{1}{m}\right)$ la plus petite vitesse angulaire pour ce même tour ;

x l'angle décrit par la manivelle à partir de l'horizontale ;

r sa longueur ;

R la résistance tangentielle à l'extrémité de la manivelle ;

P la force avec laquelle agit la bielle.

Nous aurons en posant l'équation des forces vives entre les positions de la manivelle qui répond à la plus petite et à la plus grande vitesse.

$$\frac{4}{m}k\frac{\omega^2}{2g}=\int_{x_1}^{x_2}P\cos x\, r\, dx-R(x_2-x_1)r$$

x_1 et x_2 étant les angles qui répondent aux positions de plus petite et de plus grande vitesse. On doit avoir

$$2\pi r R=4rP \qquad \text{d'où} \qquad R=\frac{2}{\pi}P \;.$$

De plus les angles x_1 et x_2 sont déterminés par la condition

$$P\cos x=R$$

ou

$$\cos x=\frac{2}{\pi} \qquad \text{et} \qquad \sin x=\sqrt{1-\left(\frac{2}{\pi}\right)^2}$$

ils sont égaux et de signes contraires, ainsi on a

$$\frac{4}{m}k\frac{\omega^2}{2g}=2Pr\left\{\sqrt{1-\left(\frac{2}{\pi}\right)^2}-\frac{2}{\pi}\,\mathrm{arc}\left(\cos=\frac{2}{\pi}\right)\right\},$$

en réduisant en nombre on trouve

$$\frac{4k\omega^2}{m2g}=4Pr\times 0{,}105 \;.$$

Si n est le nombre des tours par minute et N le nombre des chevaux de la force de la machine, on aura

$$n\times 4Pr=4500\times kN \;:$$

ω étant la vitesse moyenne de rotation ou le chemin décrit par seconde pour un point du volant à un mètre de l'axe ; on a

$$\frac{2\pi n}{60}=\frac{\pi n}{30}$$

$$k=\frac{0{,}105\times 4500\times gmN\times 450}{\pi^2 n^3}=211555\frac{mN}{n^3} \;.$$

Si R est le rayon de la jante on aura pour le poids π de cette jante

$$\pi=211555\frac{mN}{R^2 n^3} \;:$$

en relevant les poids des volants de différentes machines sans détente, on trouve qu'ils sont choisis de telle sorte que la fraction $\frac{1}{m}$ qui représente les écarts de vitesse varie entre $\frac{1}{4}$ et $\frac{1}{20}$.

Des divers éléments des Machines à vapeur.

Du Cylindre.

Le Cylindre est ordinairement enveloppé d'un double cylindre laissant un vuide de 0,025 à 0,03 d'épaisseur dans lequel passe la vapeur venant de la chaudière et allant au cylindre. Cette enveloppe s'appelle la chemise du cylindre. Elle a pour objet de le tenir chaud ; mais comme c'est aux dépens de la chaleur de la vapeur qui vient ensuite dans ce cylindre, on ne pas qu'on y gagne rien, on y perd même en raison des surfaces de refroidissement qui augmentent. Néanmoins c'est un usage assez général.

Quelques Constructeurs commencent à ne plus faire passer la vapeur dans l'enveloppe ; alors elle a réellement de l'utilité en ce qu'elle diminue la perte en raison des surfaces et de la couche d'air que la chaleur est obligée de traverser.

Le cylindre pour présenter le moins de surface au refroidissement, en comptant une hauteur moyenne de vapeur égale à la moitié de la hauteur du cylindre, doit avoir une hauteur double de son diamètre : c'est effectivement la proportion qu'on adopte ; on va cependant jusqu'à trois fois le diamètre, mais pas au delà dans les machines ordinaires.

Le cylindre doit être essayé comme les chaudières en fonte à une pression de cinq fois celle qu'il a à supporter. (Cette épreuve est supprimée dans l'Ordonnance qui est en projet).

Des Pistons.

Les Pistons se font ou avec garniture de chanvre ou métalliques. Les premiers ont ordinairement une épaisseur du $\frac{1}{3}$ au $\frac{1}{6}$ de leur diamètre ; cela dépend de l'intensité de la pression.

La gorge qui contient le chanvre donne une surface frottante du $\frac{1}{6}$ du diamètre en général : ce chanvre se met par tresses de 3, 5 ou 7 brins ayant 0,012 à 0,015 de diamètre chacun : le chanvre est serré par un plateau au moyen de boulons. Ces tresses se placent par anneaux à joints recouverts ; (Voir les figures de Christian, planche 16).

Les écrous sont quelquefois maintenus par un anneau intérieur que l'on pose après qu'ils sont serrés de manière que leur face puisse se placer tangentiellement à cet anneau : cet anneau se retient avec deux taquets tournants, ils empêchent l'écrou de tourner ; on en met 4, 6 et jusqu'à 8. Dans les grandes machines, la partie intérieure du piston a du vuide, mais dans les petites, elle est pleine.

On a fait des pistons dont le plateau supérieur serrait le chanvre et au moyen d'un second plateau tournant formant écrou autour de la tige sur un pas de vis qu'on lui fait, et serrant le premier plateau. Le second plateau est mis en mouvement par un pignon qui engrène avec des dents dont il est garni. Le pignon est mû par une clef quarrée qu'on fait passer dans une ouverture qu'on découvre dans le fond supérieur du cylindre après avoir arrêté la —

machine. Le premier plateau est guidé par quatre clavettes qui entrent aussi dans la partie inférieure du piston. Quelquefois on sert avec des écrous qui tournent tous sur une roue dentée dans laquelle la tige passe librement: cette roue sert à faire tourner les écrous quand on en a tourné un seul avec la clef. (Voir Tredgold, planche 9).

On resserre les pistons de chanvre tous les huit jours, et on les regarnit de chanvre à peu près tous les quinze jours.

Les pistons métalliques se font le plus ordinairement, ainsi qu'on va le dire.

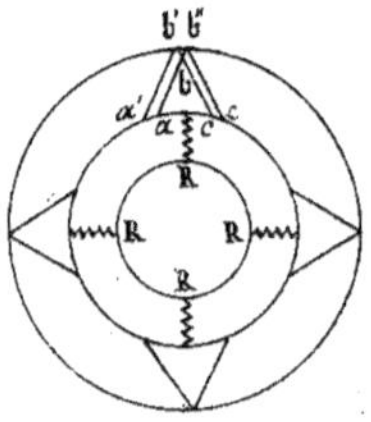

On prend un anneau de cuivre bien ajusté sur le vuide du cylindre, puis on y coupe 4 ou 6 prismes triangulaires ou coins a b c avec une scie: on abat un peu la pointe b' du prisme pour qu'il puisse s'appliquer sur les faces a'b', a"b".

Des ressorts R s'appuyant sur un autre cercle qui tient à la tige poussent en dehors les prismes ou coins et font appuyer les segments sur le Cylindre. Tredgold dit que dans quelques pistons la vapeur joint la force à celle des ressorts parce qu'elle fait appuyer un segment sur le plateau opposé à celui d'où elle vient, et alors il y a un petit jeu entre les segments et le plateau opposé; la vapeur passe par ce jeu, et va derrière les segments pour aider à l'action des ressorts: elle ne peut passer de l'autre côté du piston vû que les segments appuyent contre le plateau opposé et font office de soupape de fermeture contre la pression: ceci est contestable, parce que la force du frottement fait appuyer ces segments sur le plateau, du côté d'où vient la vapeur.

On a fait encore des pistons ayant une garniture de chanvre qui ne frotte pas, mais qui est recouverte d'une hélice en métal laquelle frotte contre le cylindre; elle le presse par l'effet de la pression des plateaux qui tend à augmenter le cercle de la base de l'hélice pour que le rayon de courbure ne diminue pas.

On fait encore des pistons métalliques formés de deux anneaux superposés qui sont battus avant que d'être fendus et qui tendent ainsi à s'ouvrir et pressent le cylindre.

Les pistons métalliques peuvent marcher deux années sans qu'on soit obligé de les sortir de leur cylindre. Les tiges se lient aux pistons comme on le voit dans les figures de Christian, elles ont une clavette et sont retenues doublement par un élargissement inférieur ou par un écrou. Pour que la vapeur ne s'échappe pas au passage de la tige au travers du fond supérieur du cylindre, on met ce qu'on appelle une boîte à étoupe.

La tige

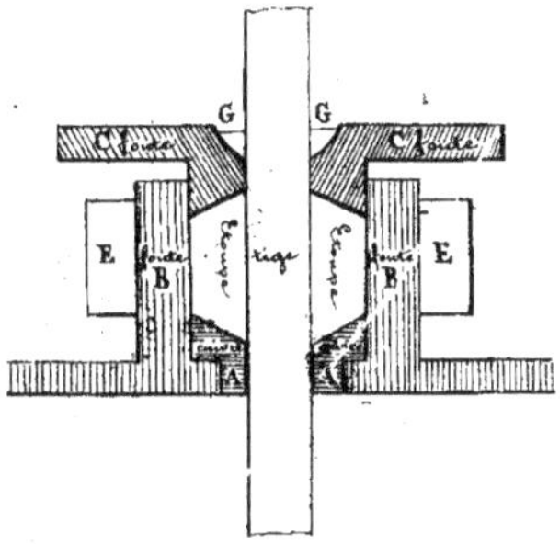

La tige passe dans un anneau de cuivre A, le dessus du cylindre porte une boîte cylindrique B dans laquelle on met l'étoupe; celle-ci est serrée par le plateau C en fonte qu'on fait descendre par des écrous D qui passent dans des oreilles E qui tiennent au cylindre B : on met de l'huile dans la cavité G.

Quelquefois les boulons D portent un œil dans le bas duquel passe une tête saillante que porte le cylindre B : alors quand on a ôté l'écrou de la tête du boulon on ôte le plateau C et on peut rabattre les boulons pour qu'ils ne gênent pas quand on garnit d'étoupe.

L'épaisseur du chanvre est de 0,10 dans les basses pressions et de 0,15 dans les hautes pressions.

On introduit le suif sur le piston par un simple robinet qui ferme le fond d'une cavité dans le dessus du cylindre: mais quand on veut éviter les pertes de vapeur et la projection du suif lorsqu'on ouvrirait au moment où la vapeur serait sur ce piston, on met alors un réservoir entre deux robinets, l'un pour introduire le suif, l'autre pour lui donner communication avec le cylindre; le premier étant fermé quand le second est ouvert, il n'y a pas de perte de vapeur possible.

On se sert aussi d'un robinet creux R à axe vertical qui porte une ouverture latérale O qui vient se mettre devant une autre ouverture pratiquée dans un tube C; on ne fait descendre le suif que pendant la condensation sur le piston.

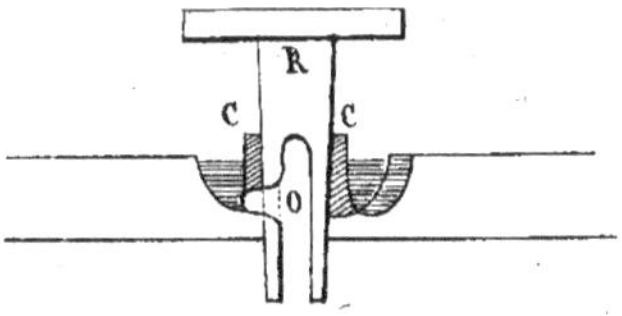

Les boîtes à étoupe se mettent dans une machine à vapeur à toutes les ouvertures où entre une tige dans un espace qui ne doit pas communiquer avec l'air extérieur; ainsi on en met aux tiges du distributeur et à celle de la Pompe à air.

On a fait aussi des boîtes à l'aide de frottements de métal contre métal en faisant presser à l'aide de ressorts des segments de cuivre contre la tige comme dans les pistons métalliques, mais cela n'est pas en usage. (Voir Tredgold, planche 18, fig. 3 et Article 477).

De la Pompe à air.

Quelquefois on sépare la Pompe à air du condenseur, quelquefois on la met au milieu. Dans les machines ordinaires dites de Watt, la pompe est séparée.

Le piston devant être dans de l'eau assez chaude, on le fait aussi avec garniture de tresses de chanvre serrées entre deux plateaux.

Il y a une soupape à clapets dans le conduit de communication entre le condenseur et la pompe; quand celle-ci est dans le condenseur la soupape est au fond du cylindre de la pompe: on en met aussi une seconde au dessus du cylindre, elle décharge le piston du poids de l'eau supérieure quand il redescend, et en laissant faire le vuide par la descente du piston, elle favorise l'introduction de l'eau.

Quelquefois quand on a placé cette soupape supérieure, on se dispense de celle qu'on aurait mise au fond du cylindre parceque le vuide se faisant sur le piston quand il descend, l'eau du condenseur y monte assez facilement.

Les soupapes du piston de la pompe sont des plaques tournant sur des axes et qui en s'ouvrant buttent contre des arrets placés en dessus.

On a fait des pompes à air à double effet qui tire à la fois et l'eau du condenseur par un côté et l'air par l'autre, et qui les expulsent tous les deux, chacun par un orifice de sortie particulier. Dans les petites machines, la soupape du piston et celle du dessus sont des plateaux guidés par un tuyau qui entoure la tige du piston.

On compte que le volume d'eau et d'air à tirer par coups de piston de la pompe à air doit être le $\frac{1}{18}$ de celui du cylindre, mais on donne néanmoins à la pompe à air une capacité du $\frac{1}{5}$ du cylindre.

Pompe alimentaire.

Dans les Machines à basses pressions on peut faire arriver l'eau chaude dans la chaudière en l'élevant un peu haut dans un réservoir d'où elle y retombe; il suffit que la pompe à air serve de pompe foulante à l'aide d'une seconde soupape en dessus du piston; mais dans les machines à $1\frac{1}{2}$ atmosphère et au delà on ne peut plus élever assez l'eau chaude, il faut la refouler dans la chaudière à l'aide d'une pompe foulante. Pour les machines à hautes pressions cette pompe foulante est semblable à celle des presses hydrauliques. Ces pompes prennent l'eau dans une chambre par un conduit qui ne part pas du fond, parceque la graisse qui vient du cylindre se dépose au fond de cette chambre.

(On peut voir dans Christian, planche 15, fig. 7, le dessin d'une pompe alimentaire).

Les soupapes sont des espèces de lanternes; l'eau passe par les côtés entre les guides verticaux dans le moment où la tête n'appuie pas sur le trou conique. Quand on ne veut pas alimenter la chaudière, on ferme un robinet de communication avec la chaudière et on ouvre une issue qui reporte l'eau dans le réservoir où elle avait déjà été conduite par la pompe à air.

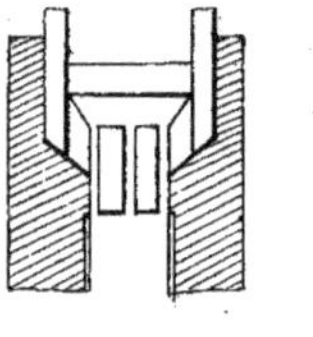

Pompe

Pompe d'eau froide.

Cette pompe est d'un système ordinaire aspirante et élévatoire, elle jette l'eau dans une bâche où sont le condenseur et la pompe à air ; le piston peut être garni de cuir, les soupapes pourront être des clapets à articulations de cuir garni d'une plaque de métal pour soutenir. On calcule que l'eau élevée n'est que les $\frac{4}{5}$ de ce qui résulterait de la course du piston.

Jet d'eau du Condenseur.

L'introduction du jet d'eau dans le condenseur se fait au moyen d'un orifice qui s'ouvre plus ou moins à l'aide d'un robinet tournant qu'on manœuvre à la main. L'eau vient de la bâche où elle environne le condenseur et la pompe à air. On accélère l'arrivée de l'eau si la machine marche trop lentement parceque c'est le signe d'une condensation imparfaite, mais on la modère si l'on n'entend plus la chûte de l'eau qui sort de l'orifice, car c'est le signe que le niveau de l'eau a gagné l'orifice.

Du régulateur de l'arrivée de la vapeur.

On a vu dans un Article précédent comment un système de deux boules tournantes servait à élever ou à abaisser l'extrémité d'un levier suivant que la la machine va plus ou moins vite. On embrasse l'arbre du volant avec une corde qui renvoie le mouvement de rotation à une poulie dont l'axe est vertical et s'élève assez haut pour porter le système des deux boules. Un renvoi de mouvement de sonnette par leviers coudés à angle droit reporte ce mouvement à un levier qui fait tourner un clapet autour de son centre, de manière qu'il ouvre plus ou moins le passage dans un tuyau par où la vapeur arrive de la chemise dans la boîte à vapeur ou distributeur. On ne peut d'avance savoir à quel degré il convient de tenir ce clapet incliné pour avoir une vitesse donnée pour la machine. Cela ne se fait que par tatonnement à la main d'abord, ensuite on arrête la queue du levier qui manœuvre le clapet au moyen d'une chevilles qu'on enfonce dans des trous pratiqués sur une règle verticale qui est manœuvrée par les boules ; la vitesse se fixe au point où elle était, car si elle devenait plus rapide, le clapet se fermerait, et si elle devenait plus lente il s'ouvrirait.

Des modes d'introduction de la vapeur dans le cylindre et le condenseur et dans les deux cylindres pour les machines où l'on détend dans un second cylindre.

La vapeur après avoir passé dans la chemise du cylindre vient dans un espace où donnent deux ouvertures qui conduisent l'une en dessus, l'autre en dessous du piston, quelquefois cet espace est partagé en deux chambres, chacune ayant l'une des deux ouvertures, mais ces chambres communiquent toujours entre elles.

Pour désigner l'espace où la vapeur est condensée de celui où elle ne l'est pas, nous désignerons le premier par espace <u>froid</u> et le second par espace <u>chaud</u>, et quand il y aura de la vapeur qui se détendra, l'espace où elle se détendra nous l'appelerons espace <u>demi-chaud</u>.

L'esprit des appareils distributeurs de vapeur consiste à mettre alternativement les deux ouvertures du cylindre dans les espaces chauds et froids; pour cela on a ordinairement un diaphragme mobile qui sépare toujours ces deux espaces sans que jamais ils puissent être en communication entre eux et de manière que ce soit tantôt l'ouverture du haut du cylindre qui soit dans l'espace froid, et tantôt l'ouverture du bas. Il est donc nécessaire qu'il y ait deux diaphragmes mobiles, qui passent chacun devant chaque ouverture pour la mettre tantôt d'un côté tantôt de l'autre de ce diaphragme, mais à la condition que l'ouverture soit entièrement fermée pour l'un des espaces un peu avant qu'elle commence à être dégagée pour l'autre, ce qui exige que le diaphragme ferme un instant complètement l'ouverture.

Dans quelques machines au lieu de diaphragmes mobiles, on a des soupapes, alors il en faut quatre, parce que chaque ouverture du cylindre a besoin de deux soupapes pour ouvrir la communication avec le chaud et la fermer en même temps avec le froid, ou vice-versa.

On peut classer les modes de distribution suivant la nature des diaphragmes et le mode de leur mouvement.

1° Ceux à mouvement rectiligne alternatifs : dans ceux-ci on peut distinguer;

1° Les pistons ordinairement de la forme d'un demi-cercle pour avoir une face plane pour boucher les ouvertures;

2° Les tiroirs ou boîtes;

3° Les soupapes; alors il n'y a pas réellement de mouvement du diaphragme, mais il se forme un diaphragme tantôt dessus, tantôt dessous chaque ouverture ce qui revient au même que s'il se transportait; mais il faut quatre soupapes, deux pour chaque ouverture du cylindre.

2° Ceux à mouvement circulaire alternatifs; ce sont les robinets à plusieurs ouvertures.

3° Ceux à mouvement circulaire continus; ce sont encore des robinets à plusieurs ouvertures.

4° Enfin ceux à combinaison; du système de deux soupapes avec un système complémentaire, soit d'un piston, soit d'un tiroir, soit d'un robinet.

La détente par les distributeurs s'effectue dans le cas d'un seul cylindre.

1° par le repos du diaphragme lorsqu'il ferme une ouverture et découvre l'autre

2° par un second diaphragme séparé fermant l'issue de la chaudière pendant la seconde partie de chaque course.

Dans le cas où la détente se fait dans un second cylindre, le distributeur se compose simplement de deux systèmes comme les précédents agissant simultanément l'un pour un cylindre l'autre pour l'autre. Le second système distributeur s'appliquant à un espace demi-chaud et froid comme le premier s'applique à un espace chaud et demi-chaud : un côté du piston du second cylindre fait l'office du condenseur pour le premier, et un côté du piston du premier cylindre fait l'office de chaudière pour le second. La vapeur qui vient du bas du premier cylindre doit aller au haut du second, et celle qui vient du haut du premier doit aller au bas du second ; cela est nécessaire pour les pistons montant et descendant en même temps.

Distributeur à pistons.

Nous désignerons sur les figures par les initiales h et b les ouvertures du haut et du bas du piston, et par les initiales c et f et dc les espaces où sont les vapeurs chaude et froide, et demie-chaude, c'est-à-dire celle qui se détend. Dans la figure 12, planche 18, de Christian, la vapeur chaude se tient en c en dedans des pistons et la froide en f en dehors ; ce qui tend la tige au lieu de la contracter : on peut voir la planche 18 de Christian, figures 11, 12, 13, 14, 15.

Les pistons sont en demi cercle, la face plate servant à fermer les ouvertures h et b du cylindre. Les faces étant moins hautes que la face courbe qui coule contre une garniture de chanvre fixée à la boîte dans laquelle les pistons se meuvent, elle est serrée entre un anneau saillant fixe et un anneau mobile qui serre le chanvre à l'aide de vis passant dans un anneau fixe placé au dessus de la course du piston.

Quand le piston du cylindre arrive au bas de la course, les ouvertures h et b sont fermées et les pistons du distributeur sont dans leur position moyenne ; mais immédiatement l'ouverture d'en bas b est découverte et l'espace chaud la gagne ; alors les pistons descendent et remontent d'une demie course pendant la montée du piston du cylindre. A l'instant où la montée est achevée, les ouvertures sont de nouveau bouchées ; mais elles se rouvrent immédiatement après. On peut se représenter les rapports de mouvement du piston et du distributeur en construisant sur un axe AB dont la longueur représente une révolution du volant, les positions du piston et du distributeur à partir de leur point le plus bas.

fig. 1. Courbe du mouvement du piston

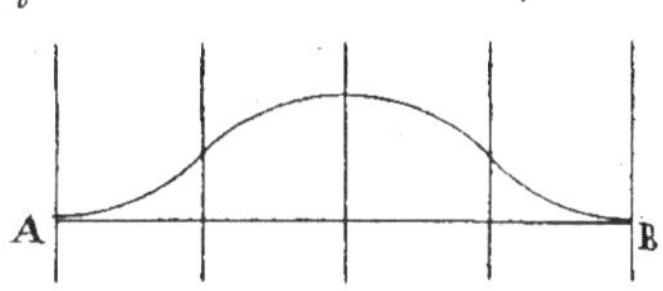

fig. 2. Courbe du mouvement du distributeur.

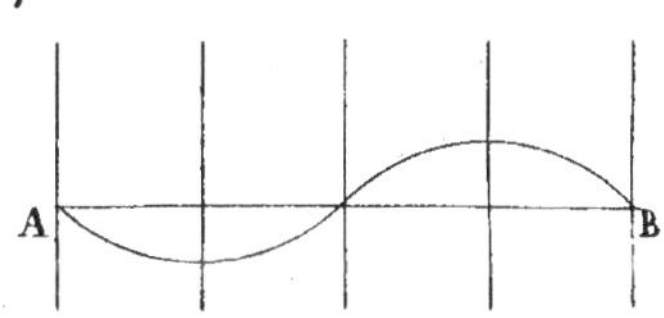

figure 3.

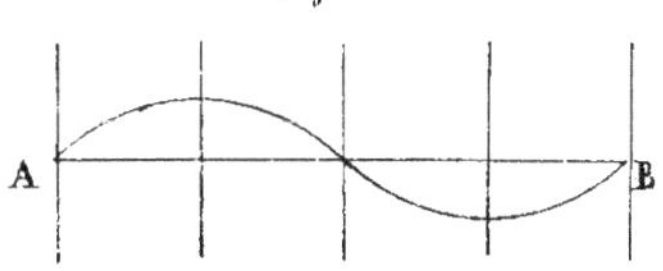

De l'excentrique et de la mise en train.

Le jeu du Distributeur étant donné par un excentrique (Voyez Christian, figre 1, Pl. 17), on voit que cet excentrique doit avoir son centre tournant dans la direction de la bielle du volant, afin que les maxima de hauteur du distributeur arrive un quart de tour après ceux du piston.

Le mouvement de l'excentrique se transmet au distributeur par des leviers coudés comme des renvois de mouvement de sonnettes.

Quand on veut mettre la machine en train on décroche la queue de l'excentrique de dessus le premier levier qu'elle accroche à l'aide d'une entaille qui se dégage facilement : alors on manœuvre à la main le distributeur et l'on fait arriver la vapeur du côté convenable du cylindre pour avoir la rotation dans le sens qu'on desire : on a soin de pousser un peu le volant pour que le piston ne soit pas tout à fait en bas et qu'il commence à se mouvoir ainsi que le volant. On peut remarquer que si la vapeur chaude venait par les côtés opposés du piston et que si la vapeur froide était à l'intérieur, alors le mouvement du distributeur est représenté par la figre 3, page 81.

Quelquefois on emploie un excentrique à trois arcs de cercle ab, bc, ca, décrits des points a, b, c comme centre; cet excentrique tourne autour de l'angle b, alors il y a un temps de repos au maxima et minima de hauteur du distributeur; la courbe de son mouvement est représentée sur la figure 4 où il y a un repos pour un sixième de tour au bas et au haut de la course du distributeur; ce mode a l'avantage d'ouvrir et de fermer plus vite les ouvertures du cylindre.

figure 4.

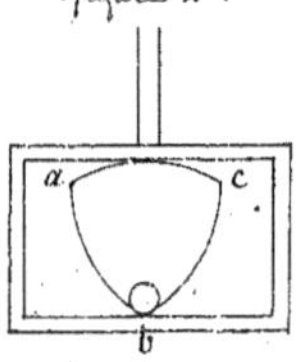

figure 4

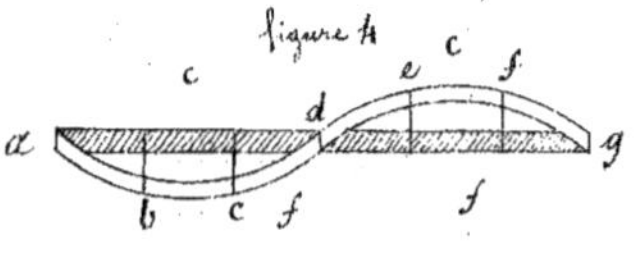

Les parties de courbe cd et de ou bien ab et fg ont pour ordonnées comptées à partir d'une horizontale passant par les points plus hauts $y = c(1 - \cos x)$, c étant la longueur du côté du triangle rectiligne de l'excentrique et x étant l'angle décrit ou l'abscisse comptée à partir du point le plus haut. Cet angle s'étendant jusqu'à $\frac{\pi}{3}$ à partir du point le plus haut, ce qui donne une élévation totale de $\frac{c}{2}$ pour une partie de courbe ab, cd, &c. Ainsi on a deux portions de courbe qui ont pour amplitude verticale totale la distance c; l'angle sous lequel elle coupe l'axe est $\frac{dy}{dx} = c \sin \frac{\pi}{3} = \frac{c}{2}\sqrt{3}$. Or avec l'excentrique ordinaire ayant la même amplitude c l'équation serait $y = \frac{c}{2}(1 - \cos x)$, x variant de 0 à 2π, elle coupe l'axe suivant l'inclinaison $\frac{dy}{dx} = \frac{e}{2} \sin x$ pour $x = \frac{\pi}{2}$ ce qui donne $\frac{dy}{dx} = \frac{e}{2}$: ainsi les temps d'ouverture des orifices sont pour les deux excentriques comme $\sqrt{3}$ est à 1 et les hauteurs parcourues par les pistons pendant les temps de fermeture comme 3 est à 1.

On peut opérer la détente dans le système en arrêtant le distributeur comme on le voit dans les figures 5 et 6 dans les positions où son ouverture est fermée pour la vapeur *chaude* et l'autre ouverte pour la vapeur *froide*. On emploie pour cela des excentriques à repos ; ce sont ceux qui ont des parties en arc de cercle décrit du point de rotation comme centre ; alors au lieu d'être enveloppé par un cercle qui les touchent sur toute leur circonférence, ils tournent entre deux galets fixés à un chassis ou cadre qui prend un mouvement de va et vient dans une certaine direction.

figure 5.

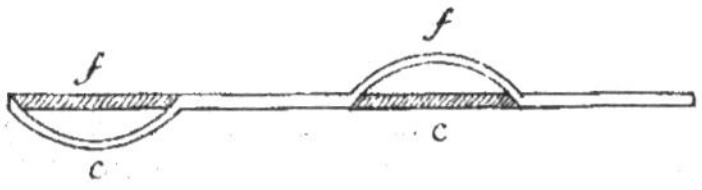

figure 6.

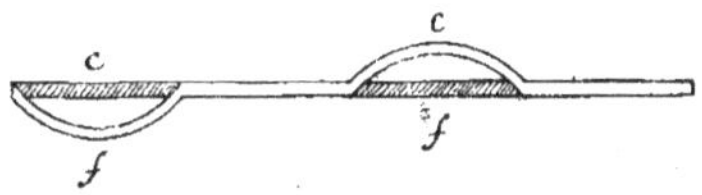

On voit un excentrique de ce genre dans Tredgold, Pl. 11 figures 1 et 2. On le construit en se donnant une courbe abcd, fig. 7, et reportant les ordonnées comme rayon vecteur, les abscisses étant les angles ; puis on coupe sur ces courbes une tranche d'épaisseur constante pour le passage du rouleau. Cette courbe étant telle que $f(x+\pi)+f(x) =$ constante, on peut mettre deux rouleaux opposés qui touchent toujours le cadre mobile ce qui le conduit sans l'aide de ressort ou de contre-poids.

figure 7.

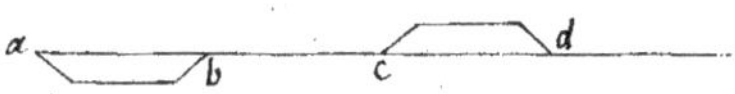

figure 8.

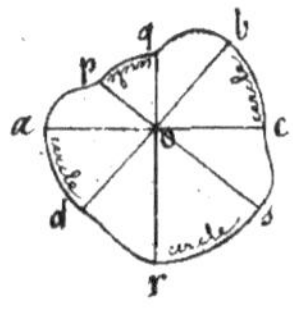

$oa = ob$
$= oc = od$
$op = pq$ minimum
$or = os$ maximum

$OB = pOA = qOC = r$
$AC = p + q = BC$
$AOB = \frac{\pi}{K'}$

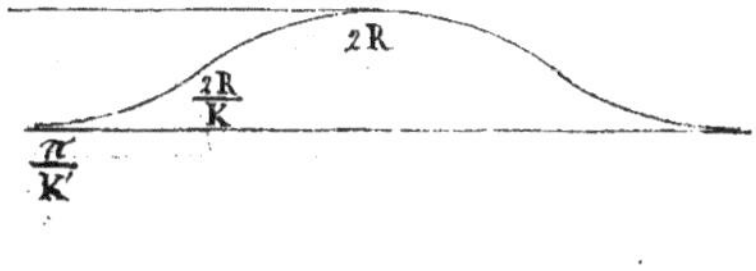

Voici un autre excentrique, fig. 8, qui tourne entre deux règles ou dans un cadre, de manière que les deux côtés du cadre se touchent toujours, et qui donne deux repos pour la détente. On partagera la demi-circonférence en deux angles qui répondent aux temps d'ouverture et de fermeture des ouvertures, ce qu'on obtiendra en traçant la courbe de marche du piston et voyant où correspondent les hauteurs où l'on veut arrêter l'introduction pour la fraction K de la course. On aura en appelant $\frac{\pi}{K'}$ l'angle qui répond à l'introduction de la vapeur

$$R\left(1-\cos\frac{\pi}{K'}\right)=\frac{2R}{K}$$

$$\cos\frac{\pi}{K'}=1-\frac{2}{K} \qquad \text{ou} \qquad \frac{\pi}{K'}=\operatorname{arc}\cos=\left(1-\frac{2}{K}\right).$$

On fera $AOB=\frac{\pi}{K'}$; on prendra des parties p et q sur OB et OA qui soient différentes de plus de la hauteur de l'orifice ; on décrira de A et de B comme centre et d'un rayon $p+q$ les arcs des courbes CE et CG, puis de leur intersection C comme centre on décrira AB, alors on aura pour le jeu de l'excentrique $OC-OD=e$. Cet excentrique touchera toujours les deux côtés du cadre qui sont à la distance $p+q$; le jeu de l'excentrique sera donné par $2r-p-q$; on a ar par la construction. Lorsque l'excentrique n'est pas au repos il y a toujours un des angles A, B, C qui touche le cadre.

On peut voir figure 9, les courbes du mouvement données par cet excentrique. Si l'on prend une des parties de courbe, qu'on l'a rapporte à l'horisontale passant à l'intérieur de la courbure, on aura $y=R\cos x$, x étant une distance à droite et à gauche de ce sommet, R étant l'un des rayons p, q, r. Les intervalles AB BC, CD DE, EF FG sont donnés par les angles AOD, DOB, BOG, GOC, COE, EOA. Les parties des courbes se divisent en deux par les deux angles intérieurs opposés, et dans chacune de ces parties les ordonnées de ces courbes rapportées à une horisontale tantôt en dessous tantôt en dessus de la courbe, sont

figure 9.

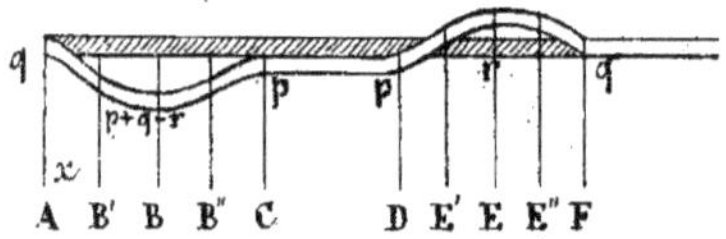

de A en B', $q\cos x$; de B' en B'', $r\cos x$; de B'' en C, $p\cos x$; de D en E', $q\cos x$; de E' en E'', $r\cos x$; et de E'' en E, $p\cos x$.

Les arcs x' parcourus par les temps des ouvertures pour une hauteur h seront donnés par

$$h=q\left(\cos x-\cos(x+x')\right) :$$

or comme $\cos x=1$, on a $h=q(1-\cos x')$, ce qui donne à cause de x' petit

$$x'=\sqrt{\frac{2h}{q}}.$$

La hauteur parcourue par le piston que nous appelerons c' qui est

$$R(1-\cos x') \qquad \text{sera} \qquad c'=R\frac{h}{q},$$

R étant le rayon de la manivelle du volant.

Si l'on fait tourner l'excentrique en sens contraire, cette portion de course devient

$$c' = R\frac{h}{p} \ ;$$

si l'on veut comparer aux autres excentriques, on remarquera que dans l'excentrique ordinaire, on a pour le temps du débouché

$$\sin x' = \frac{2h}{e} \ ,$$

et comme la course du piston pendant ce temps est

$$c' = R(1 - \cos x')$$

on a

$$c' = R\left(1 - \sqrt{1 - \frac{4h^2}{e^2}}\right) \ ,$$

ou très approximativement, vu que $2h$ est petit devant e

$$c' = 2R\frac{h^2}{e^2} \ ; \quad \ldots\ldots\ldots\ldots\ldots\ldots \text{(A)}$$

pour l'excentrique triangulaire, on a à très peu près

$$2\sin\frac{x'}{2} = \frac{h}{e}\frac{2}{\sqrt{3}}$$

d'où

$$c' = 2R\frac{h^2}{e^2}\frac{1}{3} \ . \quad \ldots\ldots\ldots\ldots\ldots\ldots \text{(B)}$$

Si l'on veut introduire la course e de l'excentrique dans la valeur

$$R\frac{h}{p} \qquad \text{ou} \qquad R\frac{h}{q}$$

pour la partie de la course du piston qui répond à la fermeture pour l'excentrique à détente ci-dessus, on remarquera que

$$2r - p - q = e$$

on déduirait de la valeur de p et q en e par l'angle AOB ; mais les calculs sont trop longs : si nous prenons par exemple $p = e$, $q = \frac{4}{3}e$, $r = \frac{2}{3}e$; on aura

$$R\frac{h}{e} \qquad \text{ou} \qquad \frac{3}{4}R\frac{h}{e} \ ; \quad \ldots\ldots\ldots\ldots\ldots \text{(C)}$$

on voit que les parties de courses pour les fermetures dans les trois excentriques sont comme 1, $\frac{1}{3}$ et $\frac{e}{24}$ ou $\frac{3e}{8h}$.

Les excentriques à galets ou à cadre, ces derniers étant composés d'arcs de cercle (quand on veut qu'ils touchent des deux côtés ce qui est nécessaire à moins qu'il n'y ait un ressort de pression pour appuyer pendant le recul) doivent donner des courbes de mouvement qui sont composées de deux moitiés qui se déduisent l'une de l'autre par le retournement sans dessus dessous.

On pourra décrire l'excentrique entre deux règles parallèles quand on se donnera la courbe du mouvement des tiroirs par rapport aux arcs décrits.—

par le volant. Pour cela après avoir construit cette courbe en relief en lui donnant pour base une circonférence d'un cercle autour duquel on enroule une corde, on fera marcher ce relief de haut en bas en le tirant avec la corde enroulée sur le cercle, pendant que celui-ci tourne; ensuite on fera ensorte qu'une pointe placée sur une des règles du cadre s'appuie sur le relief de la courbe pendant que ces règles restent aussi verticales ou parallèles au mouvement d'ascension du relief de la courbe qui coule sur une règle fixe. Si l'on a placé une couche de cire molle sur un plan tournant avec le cercle sur lequel s'enroule la corde, les règles du cadre y traceront une courbe enveloppe qui sera celle de l'excentrique cherché.

Des Tiroirs et des Boëtes.

Souvent au lieu des pistons on a une boëte qui se meut dans un espace où est la vapeur chaude, et elle enferme dans son mouvement l'espace froid qu'elle met en communication tantôt avec le haut, tantôt avec le bas du cylindre.

Si l'on veut comparer le mouvement des tiroirs ou pistons à celui du piston du cylindre, on décrira (figures 8 et 9) la courbe d'ascension de ce piston $m\,n\,p$, et l'on comparera les hauteurs avec celles des tiroirs aux instants correspondants. On voit que le piston marche peu quand les orifices sont à demi-ouverts; ce qui a moins d'inconvénient pour la diminution dans la quantité de travail qui résulte de la vîtesse de la vapeur quand elle sort par un plus petit orifice.

On peut faire mouvoir le tiroir par une camme saillante tenant à une bielle parallèle à la tige du piston (Voir Tredgold, Pl. 11, figures 3, 4, 5). Dans ce cas on prendra les hauteurs de la courbe $a\,b\,c\,d\,e\,f\,g$ pour saillie, et celle de la courbe $m\,n\,p$ pour les positions de la bielle.

Au lieu de boëte on a encore des doubles pistons ou tiroirs comme on le voit dans Christian, Pl. 22, figure 2. Ce tiroir fait boëte, mais comme il contient la vapeur chaude, il faut un moyen auxiliaire de l'appuyer contre les ouvertures du cylindre; et pour cela, on a les deux garnitures de chanvre. Au moyen de ce que le système forme un tube creux, l'espace froid le traverse et s'étend en haut et en bas sans conduit particulier.

On opère la détente avec les boëtes en les mettant dans une autre boëte à vapeur assez petite dont on ferme l'entrée à la vapeur à telle fraction de la course du piston qu'on veut; il faut pour cela une soupape glissante devant une ouverture, de manière à boucher l'entrée de a en b et de c en d, figure 10. On peut faire mouvoir la plaque avec le tiroir en lui donnant de la hauteur; mais il faudrait

figure 10.

(1) mouvement de la plaque qui ouvre et ferme l'entrée de la vapeur.

(2) mouvement de la boëte.

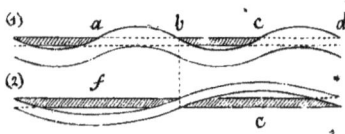

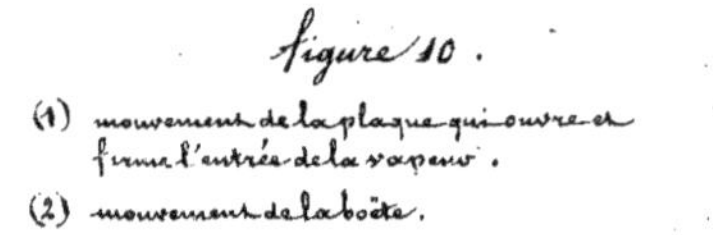

une courbe différente de celle du tiroir : le plus commode est de faire mouvoir cette plaque dans une période moitié de celle du distributeur comme on le voit par la figure. Cela se fait par un engrénage avec l'arbre et un second excentrique sur l'arbre de la roue moitié. On peut employer au lieu d'une plaque un piston fermant un passage horisontal ou même un robinet tournant.

On peut remarquer que pour faire la détente en élargissant la plaque qui passe devant les ouvertures il faut deux mouvements d'excentrique difficiles à obtenir ; car si l'on examine quelle est la courbe qui convient aux mouvements des distributeurs en donnant de la hauteur à la plaque, on voit que pour que les deux arrivées de vapeur commencent à un tour de volant d'intervalle, et que la communication avec le condenseur ne soit pas longtemps interceptée, il faut que cette courbe ait la forme de la figure 11 ; et alors l'excentrique ne peut toucher deux galets ou les deux côtés du cadre quand il y en a un ; car pour cela, il faut deux portions qui soient les mêmes courbes retournées de dessous et en dessus. Mais on peut résoudre la difficulté en conduisant un seul galet entre deux excentriques concentriques dont l'un intérieur et l'autre extérieur, pourvu que le galet soit saillant sur le côté de la bielle qu'il conduit : il y a de plus dans ce cas cette autre difficulté qu'il faudrait deux excentriques, un pour chaque ouverture du cylindre.

figure 11.

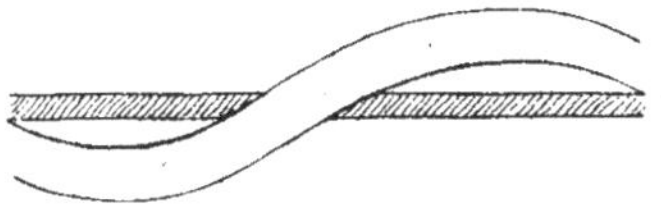

Détente dans deux Cylindres.

Dans certaines Machines dites dans le système de Woolf ou d'Edwards, ou de Hornblower, au lieu de condenser la vapeur qui sort d'un premier cylindre on la conduit dans un second cylindre, où elle se détend, et ensuite après avoir fourni une course de piston, elle est seulement condensée. On produit ce jeu avec un tiroir pour chaque cylindre, celui-ci distribue la vapeur dans le premier cylindre. Comme à l'ordinaire la vapeur sortante ou demi chaude va se rendre dans une seconde boîte à vapeur, d'où elle est introduite du côté du second piston opposé à celui où elle était par rapport au premier piston. Les deux tiroirs montent et baissent en même temps ; ils sont mus par un excentrique triangulaire ayant des repos à ses maxima et minima. Il faut nécessairement

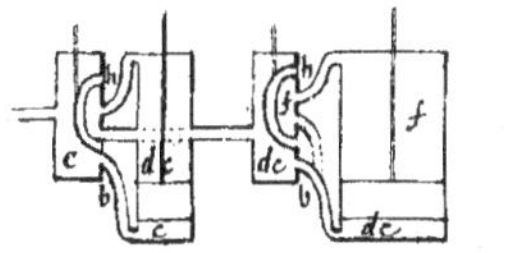

figure 12.

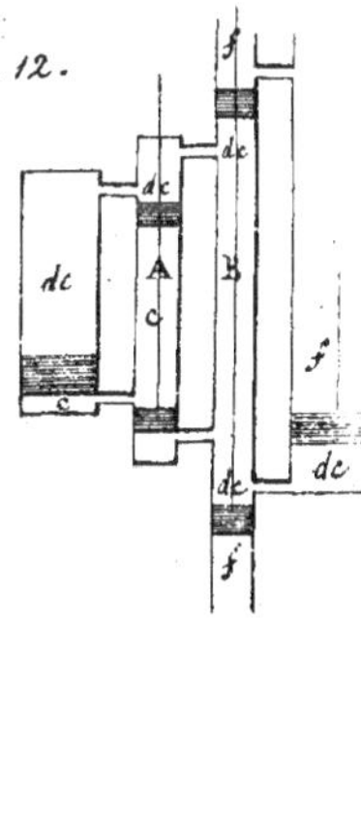

que la vapeur la plus chaude vienne dans les deux boëtes au dessus ou dessous les deux tiroirs ; car si elle venait de deux côtés différents, alors il faudrait que leurs mouvements se fissent en sens contraire, et que l'un fût en bas tandis que l'autre serait en haut.

On fait encore des distributeurs dans deux cylindres avec deux systèmes de pistons qui montent et qui baissent en même temps comme on le voit dans la figure 12. On a ainsi deux boëtes à vapeur A et B qui reçoivent à l'intérieur, l'une la vapeur chaude, l'autre la vapeur demi-chaude, et qui la distribuent en haut et en bas de manière à faire marcher les pistons ensemble quand les mouvements des tiroirs se font ensemble.

Des Distributeurs à soupapes.

Avec des soupapes au lieu de diaphragmes mobiles, il en faut quatre par cylindre ; un diaphragme mobile remplace deux soupapes. Quand on distribue avec des soupapes il faut en avoir deux pour chaque côté du piston, l'une ferme quand l'autre ouvre ; mais il est important que la fermeture se fasse un peu avant l'ouverture, sans cela, la vapeur venant de la chaudière irait un instant au condenseur : cela exige deux mouvements séparés par les quatre soupapes ; et encore, le même mouvement ne peut servir qu'à une soupape d'en bas avec une d'en haut ; il faut des ressorts de pression afin que l'une appuyant, l'autre ne soit pas déchargée de la pression. Les soupapes ont l'avantage d'ouvrir promptement ; mais elles ont aussi l'inconvénient de ne pas toujours bien fermer ; leur jeu est plus compliqué : dans les petites machines on y a presque renoncé.

On a imaginé le jeu de deux soupapes, de manière à avoir un instant de fermeture des deux ; l'idée de l'appareil est représentée figure 13.

L'une des tiges de soupape est creuse et laisse passer celle de l'autre soupape ; chacune a sa boëte à étoupe pour empêcher la vapeur de sortir ou l'air d'entrer. Chaque tige porte une traverse saillante b b', b appartient à la soupape a et b' à la soupape a' ; b et b' tendent à s'écarter par l'effet d'un ressort ; deux taquets t et t' tenant à une bielle verticale qui prend le mouvement de va et vient, poussent les traverses b et b' pour ouvrir les soupapes, elles se referment par l'effet du ressort. L'écartement de t et t' est tel qu'une soupape ne s'ouvre qu'un peu après que l'autre est fermée.

figure 13.

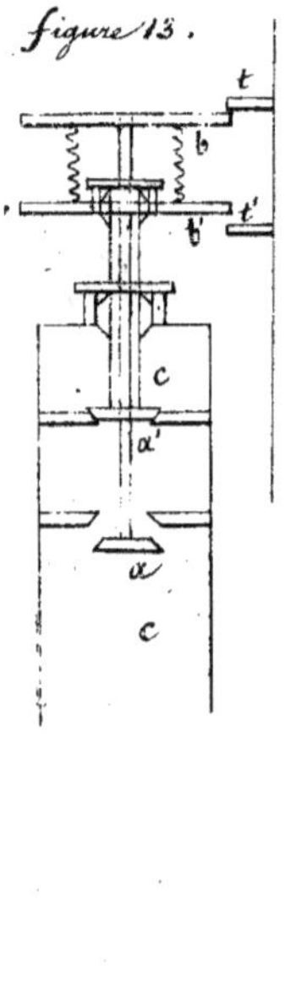

Ce système est à peu près le même que si les soupapes s'ouvraient en dedans et

q'elles

qu'elles fussent séparées par un ressort qui les fermerait, mais alors il faudrait que la vapeur plus chaude vînt entre les soupapes et que l'espace plus froid fût à l'extérieur pour que la pression de la vapeur fermât et ouvrît pas les soupapes.

On a aussi manœuvré les soupapes par des engrénages, comme on le voit dans Christian, Pl. 18, figures 8 et 9 ; mais ces engrénages ne tiennent pas si bien fermés que lorsqu'il y a un ressort.

Il est important de remarquer que si l'on veut que la pression de la vapeur contribue à tenir les soupapes fermées, on ne peut pas les employer à une même distribution, soit pour l'ouverture du haut, soit pour l'ouverture du bas : au moins en ne faisant usage que d'un seul mouvement d'excentrique, on ne peut manœuvrer que deux soupapes servant à introduire la vapeur alternativement en bas et en haut du cylindre, ou bien servant à ouvrir la communication avec le condenseur alternativement pour le haut et pour le bas ; c'est ce qui fait que l'on ne se sert guère que de deux soupapes pour l'un de ces jeux, l'autre se fait d'une autre manière, souvent par un robinet.

Distributeurs à robinet tournant à mouvement alternatif ou continu.

Robinet de Maudslay : on peut voir les figures 1, 2, 3 et 4 de la Pl. 24 de Christian.

Le robinet est un cône creux divisé en deux espaces, l'un chaud, l'autre froid ; l'espace chaud se met alternativement en communication avec le haut ou le bas du cylindre ; l'espace froid met en communication l'un des côtés du cylindre avec le condenseur.

La vapeur chaude arrive dans l'espace qui lui est destinée dans le robinet par un trou qui est à la tête, lequel donne dans un espace où est répandue la vapeur chaude. Il faut que le robinet ait des temps de repos, et pour cela, on emploie l'excentrique triangulaire avec les leviers coudés ou les renvois de mouvement de sonnette.

On peut aussi employer simplement un tiroir sous forme de robinet, cela est très simple ; voir la figure ci-dessous.

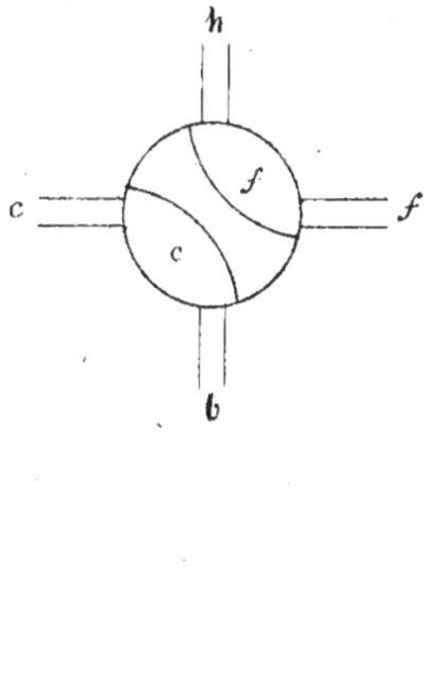

On peut donner à ce robinet un mouvement continu aussi bien qu'alternatif, mais si les quatre ouvertures sont à la même hauteur, il faut qu'il ne fasse qu'un demi-tour par chaque tour du volant, puisqu'après ce demi-tour la période de distribution est achevée.

On pourrait encore faire un robinet qui aurait un mouvement continu et ferait un tour par tour de volant ; pour cela, il suffit qu'il y en ait deux, chacun ne correspondant qu'à une ouverture du cylindre ; alors il sera divisé en deux caisses, l'une en communication avec le chaud, l'autre avec le froid. Ces caisses prendront leur communication avec la chaudière et avec le condenseur, l'une par le haut et l'autre par le bas : ces communications pourront être permanentes ou bien elles existeront pendant le temps où les caisses sont en communication avec l'ouverture du cylindre.

On peut avec ces doubles robinets faire très bien la détente en ne donnant à la caisse qui contient la vapeur qu'un débouché de moins d'un demi-cercle, de manière qu'elle ne laisse entrer la vapeur par l'ouverture du cylindre que pour une fraction donnée de la course du piston. En faisant de plus la cavité dans le robinet de différentes largeurs, à différentes hauteurs on peut en enfonçant plus ou moins le robinet faire que la partie de la cavité qui se présente devant l'ouverture du cylindre soit plus ou moins étendue et varier ainsi les degrés de détente. Un des inconvénients de ce distributeur, c'est que l'on condense à chaque coup de piston le volume de vapeur qui remplit la moitié du robinet, et que ce volume pourra être plus grand que celui d'un tiroir ordinaire, si l'on ne veut pas être très longtemps à découvrir les orifices.

Un autre inconvénient du mouvement continu, c'est de ne pas ouvrir assez vite les ouvertures. L'arc du volant décrit pendant l'ouverture de la distribution de vapeur est $x' = \frac{4h}{e}$, e étant le diamètre du piston, et l'élévation du piston est $8R\frac{h}{e^2}$; la figure ci-contre montre par des bandes le jeu des distributions.

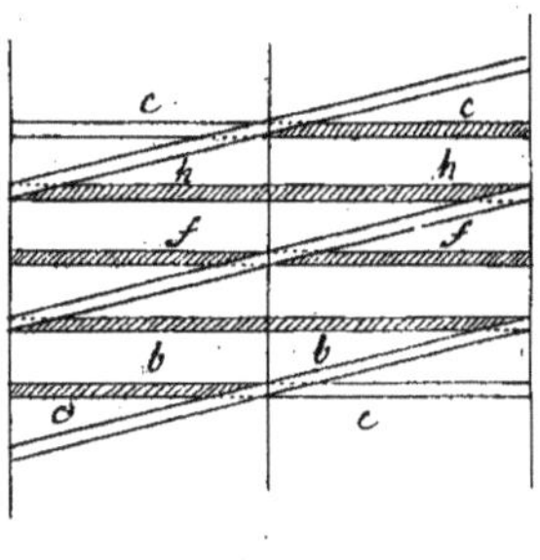

Dans un robinet, si le diamètre est petit, le temps de l'ouverture sera toujours très grand, il sera plus grand que dans une boëte ordinaire dans le rapport du rayon du bras de levier du robinet à son diamètre.

Combinaison de deux systêmes.

Il y a une Machine de Hall à détente dans un second cylindre, où l'on a combiné un tiroir distributeur en forme de piston pour le premier cylindre et deux soupapes avec ressort pour le second cylindre, ainsi qu'on le voit, fig. 1. Le piston fait office de tiroir pour le premier cylindre et de deux soupapes ou de robinet pour le second. On peut encore mettre au lieu du piston de la

figure 1.

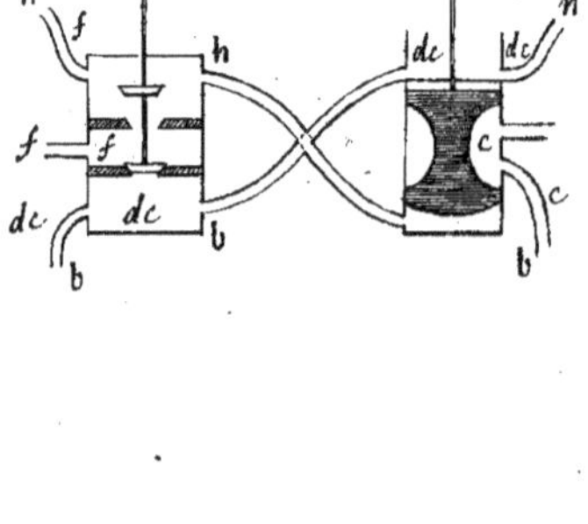

figure 2.

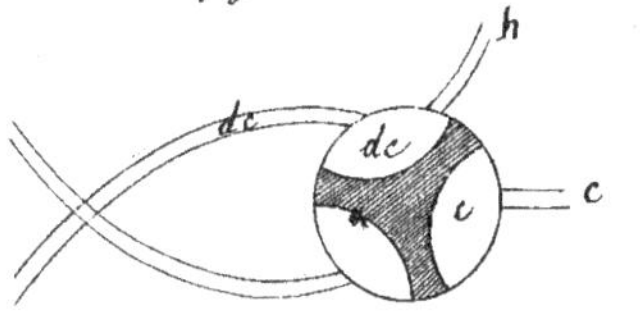

figure 3.

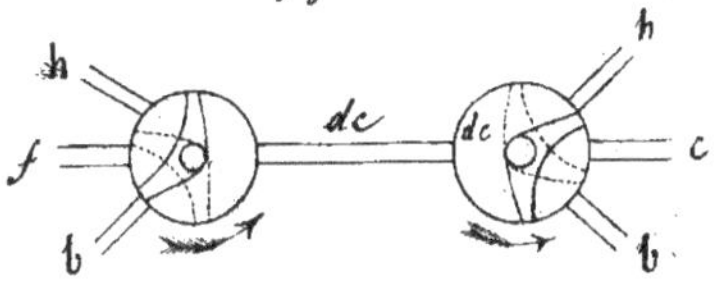

figure 4.

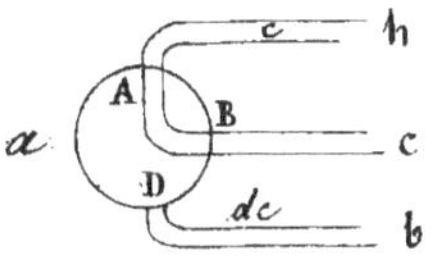

figure 5.

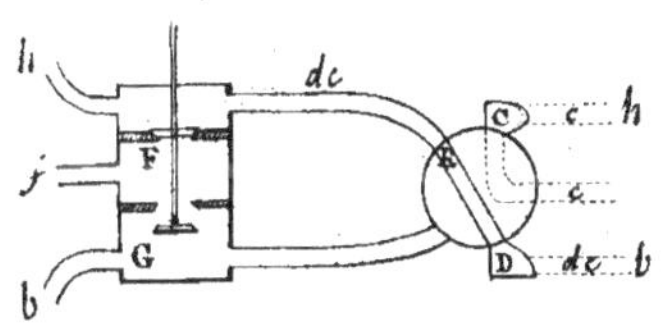

de la fig.^e 1 un robinet à mouvement alternatif comme celui de la fig.^e 2. Ici le croisement des conduits de vapeur demi-chaude provient de ce que ce n'est pas la vapeur la plus chaude qui vient par le milieu des deux côtés : s'il en était ainsi le jeu des soupapes se ferait dans le sens du tiroir au lieu de se faire en sens contraire comme ici.

On pourrait employer deux robinets indiqués fig.^e 3, qui sont alors deux véritables tiroirs.

Enfin dans les premières machines d'Edwards à deux cylindres, on avait employé aussi ce mode combiné des soupapes et du robinet ; mais on y a renoncé pour revenir aux deux tiroirs. Voici au reste ce système. Un robinet a est percé par un canal de communication AB fig.^e 4, lequel se porte alternativement de A en B et de B en D ; il fait aller la vapeur chaude C en haut ; en bas du petit cylindre, pendant que cette vapeur chaude va en h la vapeur demi-chaude dc revient en D, remonte par une rainure le long du robinet et vient trouver une deuxième ouverture diamétrale E située en ce moment de D en E et qui conduit la vapeur demi-chaude au haut du second cylindre en vertu de ce que la soupape F est fermée. Dans la deuxième période du mouvement du robinet et des soupapes le jeu est échangé partout et il se fait semblablement. Dans ce système le robinet remplace le piston de la figure 1 ou le robinet de la fig.^e 2 ; seulement il opère de lui-même le croisement des courants de vapeur demi-chaude pour qu'elle aille de bas en haut et du haut en bas sans que les conduits qui viennent après soient obligés de se croiser.

figure 6.

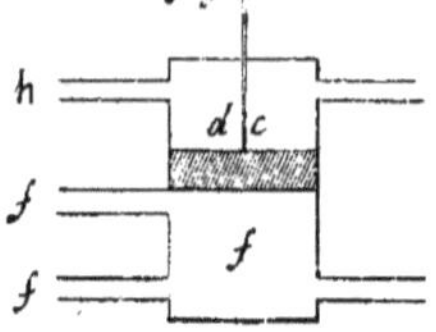

On peut toujours remplacer les deux soupapes F et G par un seul piston qui soit tantôt dessus tantôt dessous l'orifice qui mène au condenseur, figre 6. En général on voit que deux soupapes ne font office que d'un piston mobile et qu'un tiroir fait office de deux pistons mobiles ou de quatre soupapes : ainsi on a commencé par les quatre soupapes, puis on s'est réduit à deux pistons, et enfin à un seul tiroir qui les réunit tous les deux.

Quand on emploie des robinets dans les distributions, on se réserve toujours un moyen de pression contre la tête, soit par un ressort, soit par une vis qu'on serre souvent.

De la transmission du mouvement des excentriques au distributeur.

Les excentriques transforment le mouvement de rotation de l'arbre du volant en va-et-vient pour faire mouvoir les pistons, tiroirs, soupapes et les robinets : dans les machines de Watt, l'arbre A porte un collier fixe bbbb dont le centre est en o hors du centre A de rotation ; ce cercle bbbb est environné d'un anneau cccc qui ne peut pas tourner parce qu'il tient à une queue qui reste horisontale ; alors le collier bb tournant l'anneau frotte autour, mais il a un mouvement d'oscillation en vertu de ce que son centre o est transporté en tous les points de la circonférence o o'o''o''', ainsi la queue q se meut comme si elle se tenait à l'extrémité d'une manivelle dont le rayon serait Ao. Elle a une course dans le sens horisontal de la longueur 2Ao ; son extrémité B s'accroche par son poids sur un levier DE qui a une hanche DF qui tient à une tige laquelle prend ainsi un mouvement de va-et-vient quand l'extrémité B de la queue de l'excentrique passe de

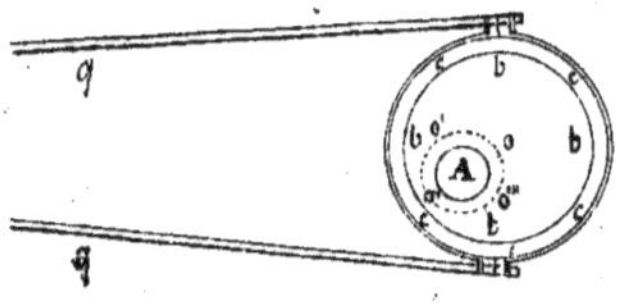

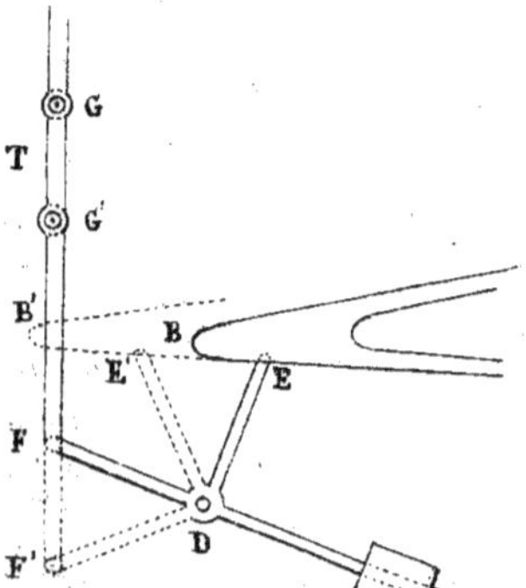

B en B'. Cette tige T fait mouvoir les tiroirs, soupapes, &c.; elle a une articulation en G à cause de la déviation que prend le point F en décrivant l'arc de cercle FF'.

On équilibre le levier coudé et le poids de la tige T par un contrepoids en Q.

Souvent l'articulation G se met en dessous de F, cela revient au même.

Il faut s'arranger pour que le frottement en bbbb ne soulève pas la queue de l'excentrique, ce qui se fait en lui donnant un poids suffisant ou en la plaçant d'un côté tel que le frottement la fasse appuyer sur le levier E.

De la Mise en train.

Il faut que la queue B de l'excentrique puisse se désengréner avec le levier E; pour cela on la soulève simplement: cela arrive quand on met la machine en train, alors il faut manœuvrer avec la main la tige des tiroirs ou du distributeur quelconque dont on fait usage.

Le piston étant amené au milieu de la course en tournant le volant à bras d'homme, on manœuvre le distributeur à la main pour faire arriver la vapeur du coté convenable pour marcher dans le sens où l'on veut: puis après une course on embraye la queue de l'excentrique, et le jeu se continue.

Si le repos a été assez long pour que le condenseur soit rempli ou d'eau ou d'air, on le chasse en amenant de la vapeur qui vient de la chaudière par un conduit qu'on ouvre par un clapet ou un robinet: cette vapeur chasse l'eau et l'air du condenseur, et sort par la pompe à air et par le réservoir d'eau chaude.

Si l'on n'a pas ainsi une communication qui puisse envoyer la vapeur chaude directement de la chaudière, de la chemise ou de la boëte à vapeur où est le tiroir, dans le condenseur; alors il faut vuider celui-ci en aidant le volant à la main et commençant surtout avec de la vapeur un peu chaude dont la pression l'emporte sur la résistance de l'eau et de l'air dans le condenseur. Le jeu s'établit plus lentement parceque le condenseur présente pendant quelque temps une assez grande résistance.

Des différents systêmes de Machines à vapeur.

On ne peut classer facilement les Machines à vapeur parceque les modifications dont chaque partie est susceptible se font isolément de celles des autres parties et qu'ainsi le nombre des variétés de machines est déjà très considérable. A présent, vu le nombre des Constructeurs et la tendance qu'a chacun d'eux à prendre dans les systêmes des autres, ce qu'il y croit bon: il n'y a plus guère de mode adopté exclusivement par chacun d'eux.

Il y a cependant encore des systèmes qui ont conservé les noms des premiers Constructeurs qui les ont employés.

Nous ne citerons pas ici les anciennes machines dont l'étude entre plutôt dans l'histoire de l'art ; nous ne considérerons que les machines construites depuis les dernières années.

Les éléments suivants sont ceux qui constituent les différents systèmes de machines à vapeur :

1° Relativement à l'action de la vapeur ;

— basse pression,
— haute pression,
— sans détente,
— avec détente { dans un seul cylindre, ou dans deux cylindres (dites de Woolf, Hornblower et Edwards),
— avec condenseur,
— sans condenseur (seulement à haute pression).

2° Relativement au mécanisme de transmission du travail ;

— à piston à mouvement alternatif,
— à piston à rotation continue,
— transmettant le mouvement à un arbre tournant avec balancier,
— idem sans balancier { à cylindre fixe, dites de Maudslay, avec une bielle, à cylindre oscillant, dites de Mausby, sans bielle, la tige du piston agissant sur la manivelle,
— les machines à balancier sans arbre tournant comme les machines soufflantes ou les pompes à élever de l'eau,
— les machines sans balancier et sans rotation où la tige du piston agit immédiatement sur le piston d'une pompe comme celle que Mr Frimot a établie à Brest,
— Enfin on peut ajouter les machines sans piston où la vapeur agit immédiatement sur l'eau à élever par l'intermédiaire d'un léger diaphragme, ou même sans diaphragme.

3° Relativement à l'usage ;

On peut distinguer,

1° les machines fixes des usines,
2° les machines locomotives sur voitures,
3° les machines pour les bateaux.

Les machines locomotives sont à haute pression sans condenseur avec ou sans détente.

Les machines pour les bateaux sont semblables aux machines fixes, à cela près de quelques dispositions différentes dans l'emplacement du balancier ou des balanciers, lorsqu'on en met deux.

Tous les

Tous les jeux de distribution de vapeur peuvent s'adapter à presque tous les systèmes. Aujourd'hui il ne paraît pas que chaque Constructeur en adopte un particulier.

Le tiroir paraît être le mode le plus usité: on l'emploie pour les machines locomotives et pour les petites machines.

Les pistons en demi-cercle s'emploient dans les machines à basse pression dites de Watt.

Il serait trop long de faire ici une description détaillée des différents systèmes de machines à vapeur que nous venons d'indiquer.

On peut voir la description d'une machine rotative dans le Mémoire sur les bateaux à vapeur de Mr. Marestier, page 109.

Les machines qui n'ont pas le balancier ordinaire, sont; 1°. celles dites de Maudslay, voir Christian, Pl. 23.

2°. Celles de Mausby construites à Paris par Cavé, faubourg St. Denis. Dans ces machines dites à cylindre oscillant, le cylindre oscille en effet sur deux tourillons comme un canon; la vapeur entre dans la boëte à vapeur et dans le cylindre, et en sort, en passant par des tourillons qui sont creux, (Voyez la Pl. 29 de Christian).

Toutes les autres machines à mouvement alternatif, qu'elles aient ou n'aient pas de balancier, sont toujours disposées de manière qu'il y a trois tringles entre deux points fixes; la tige du balancier est attachée à celle du milieu ou à l'angle d'un parallélogramme construit sur elle et sur l'une des tringles extrêmes.

3°. Celles d'Evans où le système du balancier et du parallélogramme est formé des trois corps OA, AB, BO' avec articulations mobiles en A et en B et rotation sur les points fixes en O et O'. Dans le système ordinaire le balancier proprement dit est O'B; Dans ce même système c'est AB qui porte la masse, le point C du balancier est conduit par la tige du piston, la bielle DE fait tourner l'arbre G du volant, voir la figure ci-contre.

figure 1.

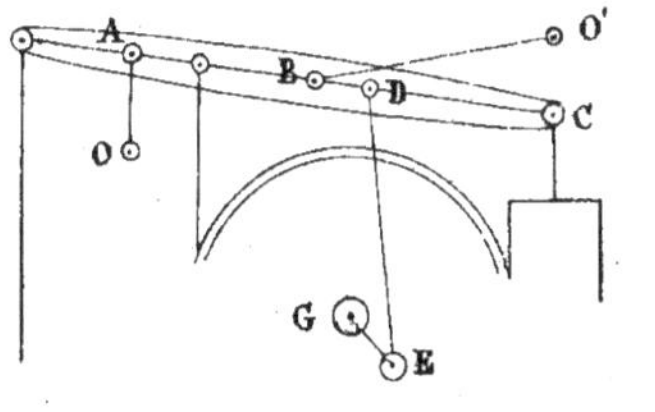

4°. Enfin le même mode se reproduit encore dans le système OABO' figure 2, où il y a deux balanciers OA, O'B qui ont assez peu de masse l'un et l'autre. Le point C est conduit à très peu près en ligne droite; il est mené par la tige du piston et il mène la bielle CE qui fait aller le volant.

On peut voir pour ces deux derniers systèmes les figures 5 et 6 de la Pl. 29 de Christian.

Il est bon

figure 2.

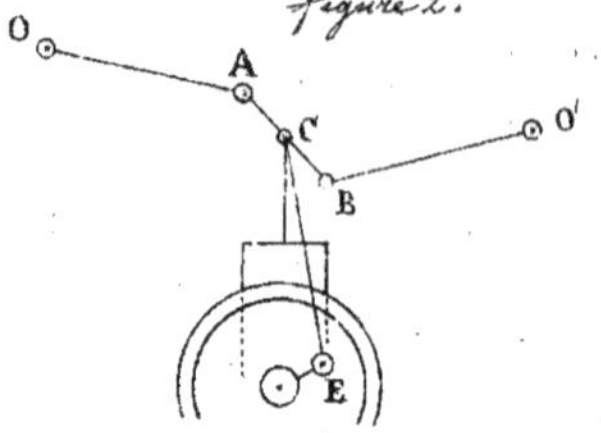

Il est bon de faire attention que dans les machines où il n'y a pas de volants, il ne faut pas donner de la masse au balancier, car alors le mouvement du piston ne se ralentissant pas graduellement produit toujours un choc à l'extrémité de la course, et que plus la masse de ce qui marche avec lui est grande, plus ce choc fait perdre de travail. Du reste ce choc devient très faible si l'on peut le faire marcher très doucement dans ce cas.

On n'emploie les machines sans balancier et sans volant que pour faire marcher des pompes ou des pistons de machines soufflantes, mais alors il faut avoir soin que la résistance au mouvement du piston soit bien égale à la force de la vapeur, autrement sa vitesse s'accélérerait pendant la course, et l'on perdrait toute la force vive qu'il aurait prise.

Il y a des pompes dans le système des anciennes machines de Savery, où la vapeur agit sur l'eau à élever sans aucun intermédiaire; alors il y a perte de vapeur par le contact de l'eau et surtout par le contact avec les parois du cylindre où l'eau à élever refroidit ces parois : cette dernière perte est de beaucoup la principale. Les deux pertes ensemble sont évaluées à une diminution de force comme celle qui résulterait d'un abaissement de température de 3° centigrade de chaleur ce qui fait environ $\frac{1}{8}$ d'atmosphère de moins. Ordinairement on met sur la surface de l'eau un piston flotteur en liège de $0^m,09$ d'épaisseur.

PONT

www.ingramcontent.com/pod-product-compliance
Lightning Source LLC
Chambersburg PA
CBHW071513200326
41519CB00019B/5931
* 9 7 8 2 0 1 9 5 6 0 5 3 9 *